Edwin A. Biedermann

Empfehlungsmarketing

Konsumenten-Netzwerke -

Der Vertriebsweg für Expansion

Empfehlungsmarketing

Konsumenten-Netzwerke - Der Vertriebsweg für Expansion

Unternehmerische und betriebswirtschaftliche Grundlagen für den interessantesten Vertriebsweg zu Beginn des 21. Jahrhunderts.

Von

Diplom-Volkswirt Edwin A. Biedermann

Der Verfasser ist Mitglied im

Bundesverband Deutscher Unternehmensberater e.V. (BDU)

Bundesverband Network Marketing e.V. (Sprecher)

EAB-Verlag
MSB MARKETING Service+Beratungs GmbH
Göbelbastei 17 D – 31832 Springe (Deister)
☎ 05041-6400205 🖷 05041-971334
e-Mail: msb@expertissimo.de

1. Auflage Juli 2007, Nachdruck Dez. 2007

ISBN 978-3-00-022125-5

Preis in Deutschland: € 14,-

Gliederung

Dieses Buch widme ich:

Den vielen Menschen, die täglich den Mut haben, ihr Leben selbst in die Hand zu nehmen,

die selbst Verantwortung für ihre Zukunft übernehmen wollen,

den Menschen, die sich nicht bevormunden lassen wollen,

den Menschen, die nichts vom Staat fordern, sondern die eigenen Kräfte und Möglichkeiten nutzen wollen,

den Menschen, die mit anderen ihre Begeisterung für gute Produkte, hilfreiche Ideen und eine bessere Zukunft teilen möchten.

Ihnen soll dieses Buch dienen und eine Hilfe zur Überwindung von Widerständen, Anfeindung, Missgunst und Neid sein,

ihnen soll es auch helfen, das richtige Network-Marketing-Unternehmen auszuwählen,

ihnen soll es den Blick auf die betriebswirtschaftlichen Zusammenhänge und Notwendigkeiten schärfen.

Ihrem Erfolg möge es dienen!

Springe, den 6. Dezember 2007

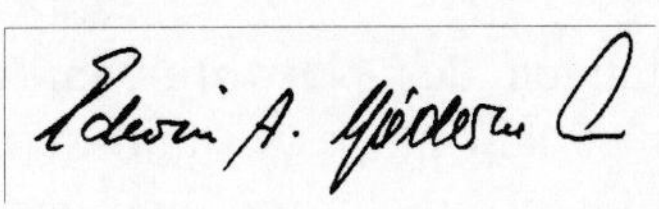

Vorwort

Warum wurde dieses Buch geschrieben, das offensichtlich anders ist, als die meisten Bücher, die über Network-Marketing am deutschen Markt kursieren?

Die meisten Autoren dieser Literatur sind erfolgreiche Praktiker im Network-Marketing. Sie haben ihren Weg zum Erfolg, ihre Methoden und Erfahrungen beschrieben. Junge Networker erhalten damit Wegweisungen, aus denen sie sehr viel Nützliches für ihre eigene Vorgehensweise lernen können, um nicht die Fehler zu wiederholen, für die andere bereits das Lehrgeld bezahlt haben.

Nur wenige Bücher und Broschüren befassen sich mit den Daten und Fakten der Märkte, auf denen Network-Marketing praktiziert wird. Eine klare Einordnung des Network-Marketings in die betriebswirtschaftlichen Zusammenhänge eines großen Industrieunternehmens ist in der Branchenliteratur kaum zu finden. In den Lehrbüchern der Betriebswirtschaft wird viel über Marketing, aber relativ wenig über Direktvertrieb geschrieben. Network-Marketing, Multi-Level-Marketing oder Empfehlungsmarketing sind Begriffe, die man in der wissenschaftlichen Literatur selten findet. Sie stehen nicht im allgemeinen Focus der Betriebswirtschaftslehre.

Dieses Thema ist dennoch außerordentlich spannend und für Unternehmen, die im Marketing neue Wege gehen wollen, auch von großem wirtschaftlichem Interesse. Empfehlungsmarketing ermöglicht es, völlig neue Wege bei der Expansion des Vertriebs hochwertiger Konsumgüter in neue Dimensionen zu beschreiten. Es ist hervorragend geeignet zum Aufbau von kraftvoll wachsenden Konsumenten-Netzwerken, ohne dass die Unternehmen große Summen für Werbung und Verkaufsförderung ausgeben müssen.

Seit den ersten Anfängen des Network-Marketings in den 40er Jahren des zwanzigsten Jahrhunderts stand der neue Vertriebsweg in harscher Kritik, die oft nicht mit betriebswirtschaftlich oder juristisch sauberen Argumenten vorgetragen wurde. Die Hauptargumente der Kritiker werden in diesem Buch besprochen, analysiert und auf ihre Relevanz geprüft.

Viele Networker verlassen nach wenigen Monaten das Vertriebssystem, weil sie enttäuscht sind. Woran liegt das? In manchen

Vergütungsplänen finden sich gewisse Regelungen, die als Ursache für dieses Phänomen anzusehen sind. Die Lektüre dieses Buches und die damit gewonnenen Erkenntnisse können vor dieser Enttäuschung bewahren, wenn Sie sich für ein Network-Marketing-Unternehmen entscheiden, das seine Vertriebspartner fair behandelt, und tatsächlich einen wesentlichen Teil der ersparten Vertriebskosten über ein ausgeklügeltes Bonussystem als umsatzbezogene Boni an die Kunden rückvergütet.

Empfehlungsmarketing kann ohne die klassischen mehrstufigen Vertriebswege und Handelsstrukturen auskommen, da die Geschäfte nur von Mensch zu Mensch durch Mund-zu-Mund-Propaganda getätigt werden. Diese Absatzform ermöglicht neue Vertriebsstrukturen, in denen viele Menschen eine nebenberufliche Tätigkeit finden, die sie bei erfolgreicher Gestaltung in ihren Hauptberuf umwandeln. Andere sind sehr zufrieden, wenn sie ohne Investition, ohne Kapitalrisiko bei völlig freier Zeiteinteilung das frei verfügbare Einkommen in ihrem Haushalt erheblich steigern können.

In diesem Buch werden die betriebswirtschaftlichen Grundlagen dargestellt und die praktischen Schritte zum Erfolg aufgezeigt. Das Buch ist nicht nur für engagierte Führungskräfte im Network-Marketing unverzichtbar, sondern auch eine echte Fundgrube für jeden ernsthaft Interessierten, der einen Weg sucht, sein Leben selbst in die Hand zu nehmen. Unternehmer, die eine neue Vertriebsform für die weitere Expansion ihres Unternehmens suchen, finden hier einen interessanten Weg, auf dem sie neue Erfolge erzielen können, ohne ihr etabliertes Geschäft zu tangieren.

In diesen Nachdruck wurden Ergänzung aufgenommen unter Punkt 3.4 die Verbände im Network-Marketing, unter 7. die Gefahren bei Vorauskasse und im Anhang eine Informationsseite über die „Network-Marketing-Börse“ der TFH Wildau am 14. 2. 2008.

Springe, im Dezember 2007

Edwin A. Biedermann

1. Die Organisation der industriellen Produktion

Die Produkte des täglichen Bedarfs werden in unserer Zeit und in unseren Regionen in der Landwirtschaft oder in Industrieunternehmen hergestellt. Die Produkte der Landwirtschaft werden meist über die verarbeitende Industrie (Mühlen- und Lebensmittelindustrie, Lederindustrie und Webereien) zu Fertigprodukten aufbereitet. Nur ein kleiner Teil wird von der Landwirtschaft über Handelsketten oder direkt vermarktet. In der Europäischen Union sind Produkte aus fast allen Ländern der Erde erhältlich. Es erfordert in der Regel große Anstrengungen und eine ausgefuchste Logistik, um die Produkte aus vielen Ländern am europäischen Markt verfügbar zu machen. Wie wird dies bewerkstelligt?

Seitdem Adam Smith[1] die Vorteile sowohl der Arbeitsteilung als auch des internationalen Freihandels erkannt und beschrieben hatte, fand ein Umdenken in der Fertigung, die bis dahin handwerklich orientiert war, statt. Die Erfindung der Dampfmaschine und die darauf folgende Entwicklung der industriellen Fertigung machte eine wesentliche Verbesserung der Verkehrswege erforderlich. Auf der Basis der Dampfmaschinen wurden Eisenbahnen gebaut und die Dampfschifffahrt entwickelt. Dies füllte einen großen Teil des neunzehnten Jahrhunderts aus. Die Entwicklung des Wechselstrommotors, der Turbinen und schließlich des Verbrennungsmotors legten den Grundstock für die Massenfertigung fast aller Konsumartikel. Damit wandelte sich für die Hersteller die Situation von dem gewohnten Anbietermarkt zu einem Käufermarkt. Das bedeutete, dass nicht mehr die Waren nur zu verteilen waren, sondern dass von Seiten der Produzenten auch immer größere Anstrengungen unternommen werden mussten, um die Kunden zum Kauf ihrer Waren zu motivieren. Es begann die Notwendigkeit, die Vorzüge der eigenen Produkte hervorzuheben, auf sie aufmerksam zu machen und ihre Eigenschaften zu preisen. Propaganda und Werbung waren geboren. Neue Herausforderungen stellten sich damit für die Unternehmen: Der Vertrieb musste sich zum Marketing wandeln.

Wie sah damals ein „normales“ Industrieunternehmen aus? Vordergründig – und oft der gravierende Engpass – war die Sicherstellung der Rohstoffversorgung. Sodann lag das Hauptaugenmerk auf der Entwicklung von Produktionsverfahren, mit denen vor allem die Menge der hergestellten Produkte bei gleich bleibender Qualität gesichert werden konnte. Der Absatz spielte eine geringe Rolle, denn Handelshäuser aus aller Welt nahmen die Waren ab. Nur selten gab es Absatzprobleme, weil eine stark wachsende Bevölkerung in Europa und Nordamerika die Produkte nachfragte. In den Unternehmen spielten die Ingenieure, Techniker, Naturwissenschaftler und Erfinder die größte Rolle. Es folgten die Rohstoffbeschaffer und die Finanzfachleute, die viele Industrieunternehmen in Aktiengesellschaften umwandelten und durch Aktienverkäufe über die Börse das breite Publikum an den Unternehmen beteiligten. Die Verkaufsabteilungen waren weitgehend mit der Entwicklung leistungsfähiger Verteilernetze beschäftigt. Kontakte zwischen Herstellern und Kunden wurden meist auf Messen geknüpft. Eine der bedeutendsten war die „Leipziger Mustermesse“, deren Vorläufer bis ins zwölfte Jahrhundert zurück reichen.

Die Haupt-Funktionsbereiche eines Unternehmens waren früher: Produktion (einschließlich Produktentwicklung und Beschaffung) sowie die Finanzierung und an letzter Stelle kam der Vertrieb. Erst Anfang des zwanzigsten Jahrhunderts gewann in der Betriebswirtschaft auch die Absatzfunktion an Bedeutung. Vor allem in dem damals freiesten Markt der Erde, in den USA, wurden frühzeitig Marketingstrategien entwickelt, die in den fünfziger Jahren des vorigen Jahrhunderts auch in Deutschland Einzug hielten. Hier wurde seit Beginn der betriebswirtschaftlichen Forschung vor allem die Handelslehre ausgebaut, da auch die großen Industrieunternehmen im Montanbereich den Absatz ihrer Produkte meist über konzerneigene Handelsorganisationen durchführen ließen. Kleinere Industrieunternehmen und der gesamte industrielle Mittelstand stützte sich fast ausschließlich auf ein Netz von freien Handelsvertretern, die den Warenverkauf an den Großhandel oder an Exportunternehmen vermittelten.

Die Absatzfunktionen in den Unternehmen wurden vor allem nach dem zweiten Weltkrieg ausgebaut und gewannen in der Industrie eine wesentlich größere Bedeutung als vorher. Heute hat (fast) jedes Unternehmen drei gleichwertige Hauptfunktionsbereiche, die einfach zu umschreiben sind: Produktion – Finanzierung und Verwaltung – Marketing.

Die Vermarktung der erstellten Leistung erfolgt über den Marketingbereich des Unternehmens, der neben dem Verkaufsinnendienst auch Abteilungen wie Marktforschung, Absatzplanung, Werbung, Verkaufsförderung und den großen Bereich des Außendienstes umfasst. Dieser wird gegliedert in Vertretungen für einzelne Länder (Staaten) und darunter in Vertretungs- oder Verkaufsbezirke. Als Ländervertretungen kommen oft auch selbständige Handelsorganisationen in Betracht, die als Importeure fungieren. Dies ist sehr abhängig von den rechtlichen Rahmenbedingungen in einzelnen Ländern oder Absatzregionen.

Für diese oftmals mehrstufige Organisation, für Großhandel, Einzelhandel, Werbung und Verkaufsförderung (Promotion) fallen erhebliche Kosten an, die je nach Produkt ein Mehrfaches der gesamten Produktionskosten betragen können. Bei erheblichen Unterschieden von Branche zu Branche, sogar von Unternehmen zu Unternehmen ist dennoch die Grundstruktur überall in der klassischen Industrie gleich. Die Unternehmen sind in Funktionsbereiche gegliedert. Klassisch ist der Dreiklang Produktion (Technik), Finanzierung und Vertrieb. Große Unternehmen haben weitere Funktionsbereiche auch auf Geschäftsleitungsebene gehoben, so zum Beispiel Forschung und Entwicklung, Verwaltung, Personalwesen, Rechnungswesen/Controlling, Materialwirtschaft/Logistik. Zahlreiche verschiedene Organisationsmodelle finden sich in der Praxis. Ein allgemein „richtiges" Modell hingegen gibt es nicht. Gut ist, was erfolgreich ist und effektiv zur Erreichung der Unternehmensziele beiträgt.

In den letzten Jahrzehnten wurden immer wieder neue Organisationsprinzipien in Großunternehmen eingeführt. Seit einigen Jahren gehen die Unternehmen im Bemühen, mit den Herausforderungen der Zeit Schritt zu halten, noch einen Schritt weiter und teilen die Hauptfunktionsbereiche wieder auf, um einige Funktionen aus dem Unternehmen auszulagern. Man bezeichnet dies als „Outsourcing". Dabei werden alle Funktionen, die nicht zur Kernkompetenz des Unternehmens gehören, auf Spezialisten außerhalb des Unternehmens übertragen oder auch in eigene Tochtergesellschaften ausgegliedert. Dies gestattet den Unternehmen, sich voll auf ihr Hauptprodukt oder ihr Kerngeschäft zu konzentrieren und darin größere Leistungen zu erbringen. Dabei werden als unabdingbare Leistungsbereiche, die das Unternehmen behalten muss, angesehen:

Marketing, Entwicklung und Qualitätskontrolle. Die Fertigung kann stufenweise ausgelagert werden. Dabei bleiben die qualitätsbestimmenden Fertigungsschritte meist in der eigenen Hand, um die Qualität zu sichern, vor allem aber, um das spezifische Know How nicht aus dem Haus zu geben, um patentierte Verfahren selbst zu nutzen und Spezialmaschinen, die oft selbst angefertigt werden, nicht aus der Hand zu geben.

Wenn das Unternehmen allerdings eine Größenordnung hat, die es gestattet, modernste Anlagen optimal auszulasten, dann kann auch die Produktion eine Kernaufgabe werden, die man selbst behalten möchte.

Marketing und Entwicklung gehören eng zusammen. Unter Marketing verstehen wir hier (in einem gewissen Gegensatz zur Werbewirtschaft) die Grundaufgabe des Unternehmers, die Bedürfnisse seines Absatzmarktes, seiner Kunden zu erfassen und insbesondere festzustellen, was an den Produkten verbessert werden sollte oder welche Bedürfnisse des Kunden noch nicht optimal erfüllt werden können. Die absolute Orientierung auf die Wünsche des Kunden kennzeichnet das Marketing, wenn es grundlegend sein will für den nachhaltigen Erfolg des Unternehmens. Aus diesen Erkenntnissen resultieren die Vorgaben für Forschung und Produktentwicklung, die ebenfalls Hand in Hand mit den Kunden erfolgen und immer wieder auf die Kundenbedürfnisse optimiert werden müssen. Ist auf diesem Weg das Produkt serienreif entwickelt worden und die Anlagentechnik optimiert, dann gilt es durch Qualitätskontrolle den Markterfolg abzusichern.

Diese Betrachtung bezieht sich vor allem auf Premium-Produkte und Markenartikel mit einer ausgeprägten eigenen Produktpersönlichkeit. Für Massenware, die beliebig mit Produkten anderer Hersteller austauschbar ist, gelten diese Überlegungen nur eingeschränkt. Massenprodukte werden auf Großanlagen zu niedrigen Stückkosten hergestellt und stehen meist unter dem Preisdiktat der großen, mächtigen Handelskonzerne, die es in allen Konsumgüterbranchen gibt. Bei dieser Produktgruppe steht der Preis im Focus des Interesses und auch die Werbung des Handels um die Gunst der Endverbraucher folgt oft dem abqualifizierenden Motto „Geiz ist geil!“.

2. Der Absatz industrieller Leistungen

Üblich ist heute weitgehend ein Vertriebssystem, das mehrstufig aufgebaut ist. Dabei wird der Vertrieb meist über die Stufen Außenhandel, Großhandel und Einzelhandel organisiert. Um die Waren und ihre Vorzüge bekannt zu machen, werden von der Industrie erhebliche Beträge aufgewendet für Werbung, Sponsoring, Product Placement und Verkaufsförderung. Die Betreuung dieser Vertriebspartner erfolgt durch Außendienstmitarbeiter auf jeder Ebene der mehrstufigen Vertriebsorganisation. Der größere Teil des Preises, den der Endkunde an der Einzelhandelskasse bezahlt, wird für die umfassende Marktbetreuung, die beim Einzelhandel endet, kalkuliert. Dabei macht es praktisch keinen Unterschied, ob das Unternehmen im Außendienst mit angestellten Reisenden arbeitet oder mit Handelsvertretern, die nur auf die tatsächlich getätigten Umsätze Provision erhalten.

2.1 Industrieller Vertrieb versus „Marketing“

Wenn man dem US-Sprachgebrauch folgt und im „Marketing“ die Aktivität sieht, die auf den gesamten Absatzmarkt ausgerichtet ist, dann ist Marketing die grundlegende Aufgabe eines Unternehmens in der Marktwirtschaft.[2] Marketing darf nicht nur auf Teilfunktionen beschränkt werden, wie das in vielen Unternehmen der Fall ist, in denen es nur die Werbung oder Marktkommunikation umschreibt. Marketing ist umfassender und beinhaltet den gesamten „Marketing-Mix“, also den Einsatz aller Marketinginstrumente in einem wohlabgestimmten Orchester.[3]

Die größte Zahl der Vertriebsmitarbeiter ist in den Linienfunktionen zusammengefasst, also im Verkaufsinnendienst, in der Lagerwirtschaft und im Außendienst. Der Verkaufsinnendienst ist meist am Sitz der Hauptverwaltung angesiedelt. Nur ganz große Unternehmen mit mehreren Niederlassungen oder Geschäftsstellen unterhalten heute noch einen dezentralisierten Verkaufsinnendienst, der auf den Geschäftsstellen die Aufgabe hat, den Außendienst direkt zu unterstützen. Diese Aufgaben werden aber dank der modernen Telekommunikation immer mehr auf Callcenter übertragen.

Die Lagerwirtschaft ist traditionell mehrstufig organisiert, so dass neben dem Zentrallager auch bei den Niederlassungen eine Lagerhaltung für den spezifischen regionalen Bedarf besteht. Diese Form der Lagerwirtschaft wird zunehmend verdrängt, weil sie erhebliche finanzielle Mittel in Form von Infrastruktur und Lagerbeständen bindet, während es die moderne Logistik erlaubt, binnen 24 Stunden sogar kleine Mengen und Einzellieferungen in ganz Deutschland auszuliefern.

2.2 Klassische Organisationsformen des Vertriebs

Heute sind Verkaufsinnendienst und Lagerwirtschaft weitgehend bei der Unternehmenszentrale direkt angesiedelt. Anders verhält es sich beim Außendienst. Darunter versteht man die Unternehmensrepräsentanten, die direkten Kundenkontakt haben und die Kunden besuchen, um ihnen die Neuentwicklungen des Unternehmens vorzustellen, Verkaufs- und Konditionen-Gespräche zu führen oder Mitarbeiter der Kundenfirmen über die Eigenschaften der Produkte zu schulen. Dieser Außendienst besteht aus Menschen, die entweder bei dem Unternehmen fest angestellt sind (Reisende) oder aber aus freien Mitarbeitern, die über einen Vertrag als Handelsvertreter nach HGB[4] gebunden sind. Der Außendienst ist hierarchisch aufgebaut. In der Fläche arbeiten Reisende oder Handelsvertreter, die unmittelbar die Kunden und potentiellen Kunden besuchen. Sie haben ein territorial abgegrenztes Reisegebiet und sind für den Umsatz aus ihrem Gebiet verantwortlich. Mehrere Verkaufsgebiete werden meist zu einer Verkaufsregion zusammengefasst, für die ein Regional-Verkaufsleiter zuständig ist. Das Bundesgebiet ist oft in mehrere Verkaufsregionen aufgeteilt, so dass über den Regional-Verkaufsleitern der Verkaufsleiter (oder Direktor) „Verkauf Inland“ zu finden ist, der seinerseits dem Vorstand oder Geschäftsführer „Vertrieb“ untersteht. Die Einzelheiten und Feinheiten der Organisation sind in praxi sehr vielfältig. Hier sei festgehalten, dass der normale industrielle Vertrieb im Verkaufsbereich mehrere Hierarchieebenen umfasst, die von der Basis bis zur Unternehmensleitung vier oder auch mehr Ebenen umfassen können. Dieser Organisationsaufbau ist prinzipiell in allen größeren Unternehmen gleich, wobei die Zahl der Ebenen zwischen drei und sieben schwanken mag. Die oberen Führungsaufgaben werden immer von Angestellten des Unternehmens wahrgenommen, während in der unteren Führungsebene (Regionalverkauf) und vor allem im operativen Verkauf auch freie Mitarbeiter (z.B. als Handelsvertreter, auch im Nebenberuf) eingesetzt werden.

2.3 Kosten des Vertriebs in der Industrie

2.3.1 Kostenarten

Eine solch umfangreiche Organisation verursacht auch erhebliche Kosten. Bei Innendienst und Lagerhaltung fallen Kosten für die Infrastruktur (Investitionen in Gebäude, Maschinen und Anlagen, Betriebsmittel und Betriebsstoffe) sowie für Finanzierung, Kommunikation, Personal und Verwaltung im Allgemeinen an. Hierzu zählen auch die Personal- und Verwaltungskosten für die Stabsabteilungen des Vertriebs. Im Außendienst fallen neben den Verwaltungskosten vor allem Reisekosten (Fahrtkosten, Übernachtungen) und Spesen (Kundenbewirtungen, Kundengeschenke) an. Den größten Kostenanteil haben aber auch hier die Personalkosten. Diese sind teilweise Fixkosten, wenn es sich um feste Gehälter handelt und teilweise variable Kosten, umsatzabhängige Kosten, soweit es die Provisionen, Tantiemen und Boni betrifft.

Der größte Vertriebskostenblock in der Konsumindustrie besteht aber oft in den Ausgaben für die Verkaufsunterstützung, also für Werbung, Messeteilnahmen, Sponsoring, Gewinnspiele und ähnliche Aktivitäten. Zur Illustration denke man nur an die Werbeverträge mit Film- oder TV-Stars und den verschiedenen Sportgiganten aus fast allen populären Sportarten. Die in der Presse immer wieder genannten Beträge belaufen sich häufig auf zwei- teilweise sogar auf dreistellige Millionenbeträge. Diese Summen müssen sich im Verkaufserlös wiederfinden, das heißt, jeder Euro, der im Vertrieb ausgegeben wird, muss über den Preis vom Kunden bezahlt werden. Dabei spielt es keine Rolle, ob das Geld für TV-Spots mit Superstars oder für Untersuchungen der Marktforschung ausgegeben wird. Während die Werbespots für den Zuschauer oft ärgerlich sind, tragen die Marktuntersuchungen möglicherweise zur Verbesserung der Produktqualität, des Services oder zu Neuentwicklungen bei. Alle Marketingausgaben aber müssen –wie auch alle anderen Ausgaben des Unternehmens- aus den Verkaufserlösen finanziert werden. Nur diese können auf die Dauer das Unternehmen liquide, das heißt zahlungsfähig und damit am Leben erhalten!

Dieser kleine Ausflug in die Kostenarten des Vertriebs zeigt auch etwas von der Breite der Verantwortung, die die Geschäftsführung nicht nur im Marketing-Bereich trägt. Im Bewusstsein dieser Verantwortung trifft sie alle Entscheidungen über die Organisation und die Methoden des Unternehmens und damit auch der Vertriebsform des Unternehmens. Entscheidende Richtschnur sind dabei die Ziele des Unternehmens und die ethischen Grundlagen für die Zielentscheidungen.

2.3.2 Kostenstruktur - Was bleibt für den Hersteller?

Nach den Kostenarten, die das Vertriebsgeschehen bestimmen, wenden wir uns den Kostenstrukturen zu, um deren betriebswirtschaftliche Bedeutung abschätzen zu können. Wichtig ist dabei die Frage: „Was bedeuten die Vertriebskosten für den Kunden?“ Diese Frage hat nicht nur bezüglich der Kosten Relevanz, sie durchzieht das gesamte betriebswirtschaftliche Geschehen bei einem marktorientierten Unternehmen. Die Kostenstruktur bezeichnet die Zusammensetzung der Kosten und ihre Quantität, also ihre Beträge ausgedrückt in Euro.

Betriebswirtschaftlich und aus Sicht des Unternehmens sind die Vertriebskosten die Kosten, die im Herstellerunternehmen anfallen, um die Absatzfunktion zu erfüllen. Aus Sicht des Kunden muss aber die ganze Lieferkette vom Hersteller bis zum Kunden unter den Vertriebskosten erfasst werden. Diese Verteilerkette umfasst Import- und Exportstufen, den Großhandel sowie den Einzelhandel und manchmal noch zusätzliche Zwischenhandelsstufen. Auf dem Weg der Handels- und Lieferkette vom Hersteller zum Kunden fallen durch den mehrschichtigen Vertriebsweg manche Kostenarten mehrfach an. Dabei werden die Aufschläge, die zur Abdeckung der jeweiligen Betriebskosten notwendig werden, immer höher, da die umgesetzten Mengen andererseits immer kleiner werden. In manchen Fällen kommen noch zusätzliche Zwischenhandelsstufen, Import- und Exportgesellschaften, Zölle und andere administrative Abgaben hinzu, so dass sich der Preis, den der Endkunde zu bezahlen hat, gegenüber dem Erlös des Produzenten ab Werk vervielfachen kann. Wenn er sich zum Beispiel verfünffacht, so bedeutet dies, dass von dem Preis, den der Kunde im Einzelhandelsgeschäft (in der Apotheke, im Drogeriemarkt, am Kiosk) bezahlt, nur zwanzig Prozent beim Hersteller ankommen. Von diesem Betrag muss der Hersteller aber die Produktion (einschließlich des Bezugs der Rohstoffe und der Löhne), die gesamte Verwaltung und seine Vertriebskosten bezahlen. Schließlich soll noch etwas übrigbleiben für Forschung und Entwicklung, Investitionen und auch zur Gewinnausschüttung. Diese Rechnung geht für viele Herstellerunternehmen nur dank ihrer immensen Größe auf. Sie müssen sehr große Mengen produzieren und vor allem verkaufen, damit an jedem Produkt nur einige Cent als Gewinnmarge übrigbleiben Die folgende Aufstellung gibt einen Überblick:

Ebene Hersteller:	• Kosten für Verkaufsabteilung, Verkaufsorganisation, Verkaufslager und übrige Verkaufsinfrastruktur • Personalkosten und Personalnebenkosten, Provisionen, Boni, • Rabatte und Erlösschmälerungen • Kosten für überregionale Werbung, Verkaufsförderung, Sponsoring, Promotion, Messen und ähnliche Maßnahmen
Ebene Großhandels:	• Infrastrukturkosten, • Personalkosten und Personalnebenkosten, • Provisionen, Boni, • Finanzierungskosten für Lagerbestände, • Lagerrisiko, • Regionale Werbung und ähnliches
Ebene Einzelhandel:	• Infrastrukturkosten, • Personalkosten und Personalnebenkosten, • Finanzierungskosten für Lagerbestände, • Lagerrisiko, • Lokale Werbung und ähnliches

Festhalten können wir, dass der weitaus größte Kostenblock die Vertriebskosten auf dem Weg vom Hersteller zum Kunden sind. Das gilt für alle Konsum- und Gebrauchsgüter, also für Nahrungsmittel, Textilien, Möbel, Artikel des täglichen Bedarfs, Körperpflege, Kosmetika, Arzneimittel usw. Die Vertriebswege sind meist ähnlich und vor allem mehrstufig. Darüber hinaus werden Millionenbeträge für Werbung und Propaganda ausgegeben, um die Marken bekannt zu machen oder um für ein positives Image zu sorgen. Gebrauchswert, Nutzen und Qualität der Produkte werden durch diese Kosten nicht verbessert.

2.4 Entlohnungssysteme im Vertrieb

Allgemein gelten Verkäufer in der Industrie als die am besten verdienenden Mitarbeiter und viele streben wegen der guten Einkommensmöglichkeiten eine Stelle im Vertrieb an. Woran liegt das?

Angestellte werden in der Regel mit einem Festgehalt bezahlt. Sie bekommen eine bestimmte Summe für ihre monatliche Arbeitsleistung und vielleicht noch ein Urlaubs- oder Weihnachtsgeld. Diese Zusatzzahlungen sind heute oft tarifvertraglich verankert und damit ein fester Teil der Entlohnung und nicht mehr wie früher eine Belohnung für besondere Leistungen. Angestellte und Arbeiter tauschen ihre Zeit gegen das Geld des Unternehmens. Bei Verkäufern ist dies oft anders. Sie bekommen nur ein kleines Gehalt, das sogenannte „Fixum", das ausreichen soll, die dringendsten Kosten der Lebenshaltung abzudecken. Zusätzlich erhalten sie eine meist umsatzabhängige Provision, die ein Mehrfaches vom Fixum erreichen kann. Das heißt, sie sind leistungsorientiert entlohnt. Wenn sie hohe Umsätze erzielen, dann verdienen sie viel Geld, wenn sie wenig verkaufen, fällt auch die Provisionssumme niedrig aus. Unternehmen lieben diese Variabilität und für die Angestellten ist dies ein besonderer sehr geschätzter Anreiz, da besondere Leistung auch besonders entlohnt wird. Es wird zwar im Prinzip immer noch Zeit gegen Geld getauscht, aber auf einem höheren Niveau.

Wenn die Verkäufer nicht als Reisende angestellt sind, sondern als freie Mitarbeiter tätig werden, entfällt in aller Regel das Fixum. Sie bekommen nur eine Provision, aus der sie auch alle anfallenden Reisekosten und Spesen decken müssen. Nach deutschem Recht werden sie als „Freie Handelsvertreter" tätig. Ihre Rechtsstellung ist im HGB[5] ausführlich geregelt und bedarf daher hier keiner weiteren Erläuterung.

Provisionssysteme sind unterschiedlich gestaltet. In der Regel gilt, dass die Provision erst verdient ist, wenn der Kunde die Rechnung voll bezahlt hat. Erlösschmälerungen vermindern auch die Provision. Moderne Provisionssysteme richten sich nicht nur nach dem Umsatz, sondern staffeln die Provisionssätze nach der Ertragskraft der Produkte. Das heißt, für ein Produkt mit hoher Gewinnmarge ist der Provisionssatz höher als bei Produkten mit geringer Gewinnspanne. Dadurch wird ein Anreiz gesetzt, die Produkte zu verkaufen, die für das Unternehmen besonders lukrativ sind. Den Aufbau dieses in vielen Branchen sowohl der Industrie als auch der Dienstleistungen üblichem System kennzeichnet folgende Grafik:

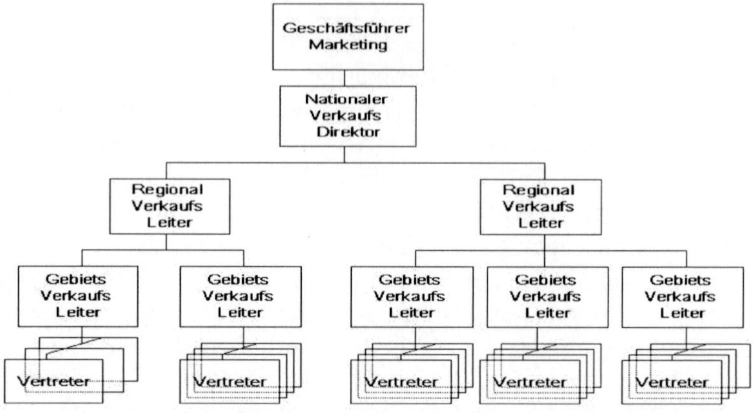

Abb. 1 Hierarchie der Verkaufsebenen in der allgemeinen Industrie

Vier Hierarchie-Ebenen führen vom Vertreter im einzelnen Verkaufsbezirk (meist mehrere Landkreise) über den Regional-Verkaufsleiter (meist ein großes oder mehrere kleine Bundesländer) zum Gebietsverkaufsleiter (ein Staat oder eine Staatengruppe). An der Spitze steht der Verkaufsdirektor. Die Bezeichnungen können sich ändern, das Grundprinzip des pyramidalen Aufbaus bleibt in allen Organisationsformen gleich.

Die vorgesetzten Ebenen erhalten neben ihrem Grundgehalt eine Superprovision auf die unterstellten Ebenen, um die Macht der Motivation mit finanziellen Anreizen zu nutzen. Auf der geschäftsleitungsebene ist es üblich, anstelle einer umsatzabhängigen Provision eine gewinnabhängige Tantieme zu zahlen. Beförderungen auf eine höhere Einkommensebene sind nur möglich, wenn eine Position dort frei wird. Dies kann unter Umständen zehn Jahre oder länger dauern. Daher haben auf der Karriereleiter alle Angestellten auf allen Karrierestufen die gleiche bedrückende Aussicht: Das Hinterteil ihres jeweiligen Vorgesetzten. Nur selten gelingt es diesen zu überholen. Meist muss man geduldig warten, bis er weiterbefördert wird, die Firma kündigt, pensioniert wird oder verstirbt. Dann erst hat man die Chance, auf diesen Platz aufzurücken. Die gleiche Hoffnung hegen aber meist auch noch andere Kollegen, mit denen man dann in einem harten Wettkampf steht, der oft eher von Mobbing als von Fairness gekennzeichnet ist.

Empfehlungs-
Marketing
Ist das

Marketing
des
21. Jahrhunderts

2. Alternative Vertriebsformen

Zu der oben beschriebenen Form der strukturierten Verkaufsorganisationen, die sich anderer Unternehmen als Absatzmittler bedienen wurden verschiedene alternative Vertriebsformen entwickelt, die ohne die geschilderten, kostenlastigen Partnerunternehmen auf den Handelsstufen auskommen. Diese Bestrebungen führten zu direkten Beziehungen zwischen dem Hersteller und den Endkunden unter Vermeidung von Zwischenstufen. Dies bedeutet aber, dass der Hersteller einen Teil der Funktionen, die bisher auf der Großhandels und der Einzelhandelsstufe erbracht wurden, selbst übernehmen muss. Wöhe weist besonders auf den dafür erforderlichen Kapitalbedarf hin[6], der entsteht, wenn ein Unternehmen sich vertikal integriert, das heißt, wenn es die nachgelagerten Handelsstufen in seine Leistungs- und Lieferkette integriert. Allerdings hat die Industrie Modelle entwickelt, die eben keine Integration in diesem klassischen Sinn bedeuten, sondern die moderne Kommunikations- und Logistikmöglichkeiten intelligent nutzen und dadurch viele Kostenfaktoren aus der Leistungskette eliminieren. Dies wird später dargestellt. Die Gründe für Bestrebungen zum Direktvertrieb sind unterschiedlich. Insbesondere werden genannt:

- Unabhängigkeit von der Einkaufsmacht des Handels.
- Hoher Erklärungsbedarf des Produktes, fehlendes Fachpersonal im Handel.
- Realisierung eines höheren Gewinns.
- Streben nach größtmöglicher Kundennähe.
- Markteinführung und Vertrieb hochwertiger Produkte.

Becker sieht die Vorteile des Direktvertriebs in der unmittelbaren Kontrolle des Absatzgeschehens sowie in der unmittelbaren Kommunikation zwischen Hersteller und Endverbraucher, während der hohe absatzorganisatorische Aufwand nachteilig sei.[7] Auch sei auf diesem Weg eine Massendistribution nicht möglich. Auf die Praxis des modernen Empfehlungsmarketings als Sonderfall des Direktvertriebs trifft diese Ansicht jedoch nicht zu.

Kotler unterscheidet die Absatzsysteme nach der Anzahl der Stufen, die in dem System vorkommen.[8] Als *Nullstufenkanal* bezeichnet er den Direktvertrieb vom Hersteller zum Kunden ohne jede Zwischenstufe. Ein *Einstufenkanal* liegt vor, wenn zwischen dem Hersteller und dem Kunden eine Einzelhandelsform zwischengeschaltet ist, Von einem *Zweistufenkanal* spricht er beim Vorhandensein einer Großhandels- und einer Einzelhandelsstufe und von einem *Dreistufenkanal* dann, wenn noch eine weitere Stufe zwischengeschaltet ist.

3.1 Herstellereigener Direktvertrieb

Der Direktvertrieb bedeutet, dass das Unternehmen die volle Verantwortung für alle Absatzaktivitäten selbst übernimmt und sich nicht mehr der klassischen Vertriebswege über ein ein- oder mehrstufiges Handelsnetz bedient. Dies bedeutet zunächst, dass das Unternehmen selbst auch die direkte Ansprache der Endkunden vornehmen muss. Dafür haben verschiedene Unternehmen unterschiedliche Instrumente entwickelt und bedienen sich unterschiedlicher Methoden.

Schon in den dreißiger Jahren des zwanzigsten Jahrhunderts begann in Deutschland die Firma Vorwerk ein neu entwickeltes Staubsaugermodell durch eigene Angestellte von Tür zu Tür verkaufen zu lassen. Dieser Direktvertrieb ist heute einer der bekanntesten in Deutschland. Er funktioniert nicht nur wegen eines herausragenden Führungsmodells im Marketing sondern vor allem auch wegen der allseits anerkannten guten Qualität der Produkte, die durchaus den Ruf des qualitativen Marktführers haben. Angesichts der guten Qualität wie auch der Seriosität der Verkäufer sind auch zahlreiche Verbraucher bereit, an der Wohnungstür zu kaufen und dabei sogar einen höheren Preis zu bezahlen als in einem Elektrogeschäft oder in einem technischen Kaufhaus. Besucht werden sie zuhause von exzellent geschulten Verkaufsberatern, die unaufdringlich aber konsequent ihre Vorführung veranstalten und dem Kunden die vielfältigen Nutzungsmöglichkeiten vorführen, so dass am Ende nicht nur ein Staubsauger, sondern auch noch ein umfangreiches Zubehörpaket verkauft werden kann. Jeder deutsche Haushalt in Wohngebieten mit gehobener Kaufkraft kann damit rechnen, einmal im Jahr von einem Vertreter der Firma aufgesucht zu werden. Das perfekte Zusammenspiel der Marketinginstrumente mit gutem Auftreten der Verkäufer und einem qualitativ hochwertigen Produkt sichert dem Unternehmen seit Jahrzehnten die Marktführerschaft und ein Erlösniveau auf dem auch genügend finanzieller Spielraum für Investitionen in modernste Fertigungsanlagen und in die Entwicklung neuer Produkte beziehungsweise die innovative Weiterentwicklung des klassischen Produkts möglich sind. Aus dem Wettbewerbsumfeld gibt es kaum ein vergleichbares Beispiel für ein Unternehmen, das die klassischen Vertriebskanäle nutzt. Es ist andererseits aber auch kein Modell, das von jedem beliebigen Wettbewerber nachgeahmt werden könnte, weil alle Einflussfaktoren für den Markterfolg über lange Zeit die Kundenerwartungen erfüllen müssen, wenn das Modell nachhaltig erfolgreich sein soll.

Weitere bekannte Beispiele für den Direktvertrieb sind die Firmen Eismann, Bofrost, Elektrolux (jeweils mit Heimservice) sowie die amerikanischen Firmen AVON und Tupperware. AVON produziert hochwertige Kosmetikartikel, die ausschließlich von freien Repräsentantinnen vertrieben werden. Tupperware hat dicht schließende Behälter aus Kunststoff entwickelt, die im Haushalt eingesetzt werden, um Speisen aufzubewahren und sie länger frisch zu halten, als dies auf klassischem Weg möglich ist. Diese beiden Aktiengesellschaften sind an der amerikanischen Börse notiert, so dass ihre wirtschaftliche Entwicklung völlig transparent und gut zu beobachten ist. Der Direktvertrieb ist bei beiden ähnlich organisiert und erreicht seine Endkunden über Verkaufpartys, die von Bekannten der Vertriebspartner in ihren Wohnungen organisiert werden. Auch diese Firmen sind mit diesem Vertriebsweg seit Jahrzehnten erfolgreich tätig und haben neue Märkte in zahlreichen Länder dieser Erde erobert.

3.2 Herstellerniederlassungen, Verkaufsfilialen, Factory Outlets

Eine weitere Form des Direktvertriebs ist die herstellereigene Verkaufsfiliale. Diese Form findet sich auf Bundesebene vor allem bei qualitativ höherwertigen Gebrauchsgütern. In der Möbelbranche und im Textilbereich sind mittelgroße Unternehmen auf diesem Weg erfolgreich tätig. Auch hier gilt, dass eine hohe Qualität preiswert angeboten werden muss, wenn der Kunde längere Wege in Kauf nehmen soll, um in die Verkaufsniederlassungen der Hersteller zu fahren. Mund-zu-Mund-Propaganda ist dabei ein sehr wichtiges Werbemittel und wird nach dem Motte eingesetzt „Sind Sie zufrieden, sagen Sie es anderen – sind Sie es nicht, sagen Sie es uns!"

Darüber hinaus versuchen viele Hersteller im Fabrikverkauf ein Ventil für überschüssige Mengen oder für Sonderangebote zu schaffen. In den letzten Jahren sind gezielt „Factory Outlets" entstanden, die diesem Zweck dienen. Hier erwartet der Kunde im Wesentlichen, dass er die Ware des Herstellers wesentlich günstiger erhält als im klassischen Einzelhandel. Gerade darin liegt aber für die Hersteller ein erhebliches Spannungspotential mit dem Einzelhandel, und die Industrie, die diesen Weg nutzen will, muss sich bemühen, die Interessen des Handels nicht allzu sehr zu beeinträchtigen.

3.3 Freie Vertriebsorganisationen

Neben diesen beiden Formen des herstellereigenen Direktvertriebes gibt es auch andere Formen, bei denen der Hersteller mit selbständigen Vertriebsorganisationen kooperiert, während diese Organisationen direkt den Endverbraucher ansprechen, wobei ebenfalls die gesamte Handelsstruktur umgangen wird. Dazu zählt auch der Versandhandel. Direktvertriebsfirmen müssen nicht immer Hersteller sein, auch Handelsunternehmen, die ihre Produkte von etablierten Herstellern kaufen, haben diesen Weg schon eingeschlagen. Zahlreiche Varianten dieser Vertriebsform werden im Geschäftsleben praktiziert, ihre Darstellung würde hier zu weit führen.

Die meisten dieser Unternehmen arbeiten (wie auch die firmengebundenen Vertriebe der Hersteller mit Direktvertrieb) überwiegend mit freien Mitarbeitern, also mit Handelsvertretern. Dies hat für die Hersteller den großen Vorteil, dass im Vertrieb nur Provisionen, fast keine Fixkosten anfallen. Für die Außendienstmitarbeiter hat es einige gravierende Nachteile:

- Sie verdienen nur Geld, wenn sie Umsätze vermitteln.
- Jeder Mensch hat nur eine begrenzte Arbeitskapazität
- Bei Urlaub oder Krankheit gibt es kein Einkommen
- Direktvertriebsberater müssen gute Fachleute sein, um überzeugen zu können,

3.4 Kunden-Netzwerke als Absatzmittler

Die modernste Form des Direktvertriebs folgt jedoch ganz anderen Kriterien. Einige Hersteller haben auf die traditionellen Formen, Wege und Mittel des Vertriebs verzichtet und einen neuen Weg eingeschlagen. Da sie dabei die Geschäftsinteressen der etablierten Unternehmen berührten, wurden (und werden) sie vor allem von den klassischen Handelsstrukturen angegriffen. Schließlich verteidigen „Platzhirsche" ihre angestammten Reviere, vor allem, wenn diese sehr lukrativ sind, weil es um wirtschaftliche Interessen im hohen Milliardenbereich geht. Sie versuchen, diese so lange wie möglich zu verteidigen, auch wenn dazu fragwürdige Mittel eingesetzt werden.

Zwischen den beiden Weltkriegen fand eine sehr stürmische Entwicklung auf dem Gesundheitssektor statt. Vor allem die Vitaminforschung machte große Fortschritte und das Vitamin C wurde insbesondere durch die Arbeiten des Nobelpreisträgers Linus Pauling zu einem Massenprodukt. In diesen Boom investierte auch das Unternehmen Californian Vitamins, das um 1940 auch seinen Mitarbeitern gestattete, diese Produkte in ihrem heimischen Umfeld direkt zu verkaufen. Dieser Versuch war so erfolgreich, dass sich zwei Mitarbeiter mit dieser Form des Vertriebs selbständig machten und ein Unternehmen gründeten, das heute noch eines der bedeutendsten Unternehmen im Direktvertrieb weltweit ist.

3.4.1 Multi-Level-Marketing (MLM)

Der Begriff „Multi-Level-Marketing" beschreibt ein Direktvertriebssystem, bei dem die Gesamtprovision über verschiedene Ebenen (Levels) verteilt ausbezahlt wird. Der Vertreter (Repräsentant, Distributor, Vertriebspartner – die Bezeichnungen sind unterschiedlich), der den Verkauf tätigt oder vermittelt oder einen neuen Kunden wirbt, bekommt eine Provision. Die Person, die ihn für das Unternehmen angeworben hat (der „Sponsor"), erhält aus diesem Verkauf ebenfalls eine Provision und dessen Sponsor auch. Diese Kette kann sich noch über mehrere Stufen fortsetzen .

Wenn der Vertreter seinerseits seine Kunden motivieren kann, ihrerseits neue Kunden zu gewinnen, dann wächst nicht nur das System, sondern er erhält sowohl von den selbstvermittelten Umsätzen wie auch von den Umsätzen, die seine Kunden mit ihrerseits gewonnenen neuen Kunden erzielen, eine Provision. Da er nicht unmittelbar bei diesen Verkaufsgesprächen tätig wird, spricht man von einem „passiven Einkommen“ oder „Residualeinkommen“. Dieser Vorgang setzt sich in die Tiefe des Marktes mit vorschreitender Entwicklung fort. Die Vertreter, die vor ihm in das Geschäft eingetreten sind, in der meist üblichen grafischen Darstellung also „oben“ stehen, werden als „Upline“ bezeichnet, diejenigen, die er selbst in das Geschäft wirbt und die in der Folge auf tieferen Ebenen eintreten, werden als „Downline“ bezeichnet. Abb. 2 zeigt diese Reihenfolge:

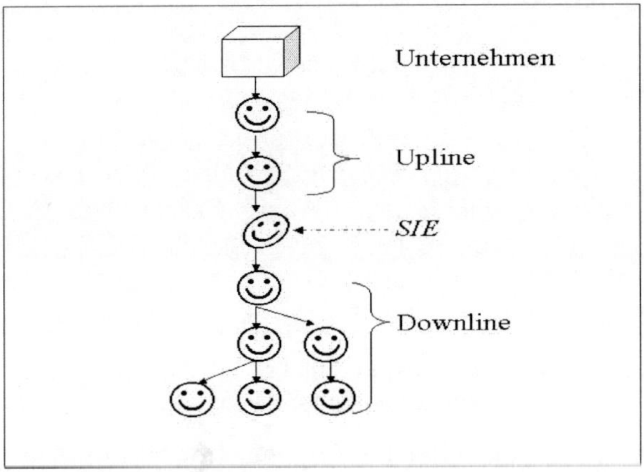

Abb. 2 Die Kette Hersteller – Upline – Downline

Mit einer disziplinarischen Über- oder Unterordnung im Sinne einer betrieblichen Organisation sind die Begriffe Upline und Downline nicht verbunden. Alle Partner eines solchen Systems sind gegenüber dem Unternehmen gleichberechtigte freie Außendienstler in der Rechtsform eines Handelsvertreters (bei Unternehmen nach deutschem Recht) oder eines selbständigen Handelspartners (meist bei US-Firmen).

Der Aufbau eines MLM-Systems sieht aus wie eine Pyramide, wenn man die Mittelachse als Zeitachse ansieht und die Basis jeweils die Gegenwart darstellt. Im Laufe der Zeit wird die Pyramide immer höher und die Basis immer größer. Diese äußerliche Betrachtungsweise gilt für alle Organisationen, die hierarchisch aufgebaut sind: Die Stellen in der Organisation werden nach oben immer weniger. Man vergegenwärtige sich nur einmal das Bild der katholischen Kirche: 1 Papst, ca. 200 Kardinäle, ca. 1000 Erzbischöfe, ca. 10.000 Bischöfe, ca. 100.000 Priester und über 1 Milliarde Gläubige in aller Welt. Das ist wohl die größte Organisationspyramide der Welt ... und sie wächst weiter! Alle hierarchisch aufgebauten Organisationen könnten als Beispiel genannt werden: Unternehmen, Vereine, Streitkräfte, Regierungen, Schulen, usw.

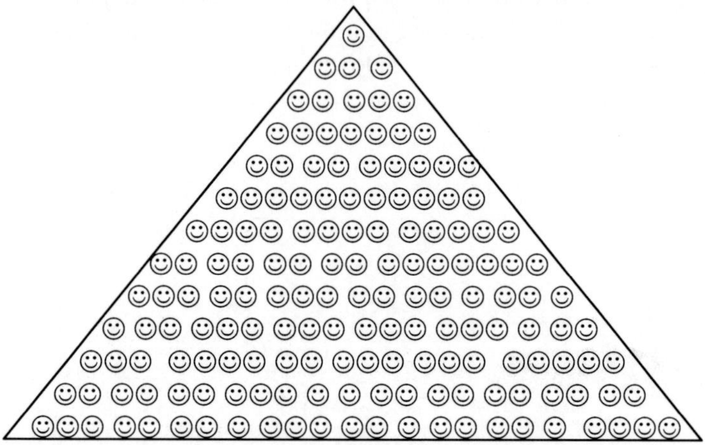

Abb. 3 Pyramidenstrukturen gibt es in allen hierarchisch aufgebauten Organisationen

Das Bild ist immer das Gleiche: Organisationspyramiden sind unten sehr breit und oben sehr schmal. Über die Bewertung einer Organisation und über ihre Seriosität macht der pyramidale Aufbau alleine keine Aussage.

Im klassischen MLM der frühen Jahre war es oft üblich, dass der neue Partner von seinem Partnerunternehmen (nicht vom Sponsor!) einen ersten Warenbestand erwarb, um das Unternehmen starten zu können. Diese Waren verkaufte er an die von ihm geworbenen Kunden. Dabei realisierte er einen Gewinn in Höhe seiner Handelsspanne. Im Laufe der Zeit baute er einen Kundenkreis auf und gestaltete sein Warenlager nach den Bedürfnissen seiner Kunden. Der Vertriebspartner wurde durch Übernahme der Lagerfunktion praktisch zum Kleinhändler, der einkaufte, zwischenlagerte und ab Lager verkaufte. Damit übernahm er neben dem Lagerrisiko (Verfallsdatum der Ware läuft ab, bevor sie verkauft wird) auch ein erhebliches finanzielles Risiko, weil er nie sicher war, die Ware auch verkaufen zu können. Diese Praxis und die damit verbundenen Nachteile führten zu viel Kritik an dem ganzen Vertriebssystem. Unseriöse Unternehmen überredeten unerfahrene neue Vertriebspartner (in der Regel Nichtkaufleute) zu überhöhtem Lageraufbau. In den USA nennt man diesen Effekt „Inventory loading". Oftmals waren es nicht die Firmen, die dazu drängten, sondern Vertriebsmitarbeiter, die auf diesem Weg kurzfristig ihre Provisionen steigern wollten. Diese Vertriebspartner suchten den schnellen Erfolg durch unseriösen Strukturaufbau, wechselten oft kurzfristig die Firma, hinterließen „verbrannte Erde" und sind im wesentlich verantwortlich für die Imageschäden mancher Firmen, die aber der ganzen Branche angelastet werden. Heute unterbinden viele MLM-Unternehmen diese Praxis durch klare Regelungen in ihren Vergütungsplänen.

Die Bezahlung über mehrere Ebenen ist keine Erfindung für den Vertriebsweg MLM. Sie ist auch im klassischen Industrievertrieb üblich. Verkäufer werden in der Regel umsatzabhängig bezahlt: Sie erhalten neben ihrem (meist kleinen) Fixum eine Provision, die sich aus den Umsätzen, die sie für das Unternehmen bei ihren Kunden tätigen, errechnet. Die Vorgesetzten des Verkäufers (Regionalverkaufsleiter, Gebietsverkaufsleiter, Verkaufsdirektor) erhalten darauf eine Superprovision, die im Prozentsatz zwar klein ist, die aber auf einer breiteren Umsatzbasis berechnet wird. Auch dies ist eine „Multi-Level-Bezahlung", ohne das man diesen Ausdruck in der Industrie verwendet. In der Versicherungsbranche und bei anderen Finanzdienstleistungsunternehmen hat sich für dieses Vergütungssystem der Begriff „Strukturvertrieb" eingebürgert. Dies ist eine unspezifische Bezeichnung, da es in der Wirtschaft überhaupt keine unstrukturierten Vertriebsorganisationen gibt. Das typische Merkmal jeder Organisation ist ihre strukturelle Form und die folgt i.d.R. den Sachgegebenheiten. Die Bezeichnungen werden indes oft nicht von den Organisatoren selbst, sondern von Kritikern mit rudimentären betriebswirtschaftlichen Kenntnissen geprägt.

Einige Vertriebsorganisationen insbesondere für Versicherungspolicen und Zeitschriften bedienten sich besonders aggressiver Methoden, um schnelle Umsätze zu erzielen. Sie schickten nicht nur schlecht ausgebildete Verkäufer in den Markt, sondern setzten diese auch noch unter hohen Erfolgsdruck. Es entstand in einigen Fällen das Bild der berüchtigten „Drückerkolonnen", die bei der

Kundenansprache zuerst den Fuß in die Tür schoben und versuchten, die Kunden mit falschen Versprechen zu übertölpeln. Die seriösen Direktvertriebsunternehmen haben sich immer von diesen Praktiken distanziert, müssen aber noch heute unter dem Imageschaden leiden, den wenige Vertriebsfirmen angerichtet haben. Leider sind auch heute noch vereinzelt „Drücker" am Werk und versuchen immer neue Menschen für ihre unseriösen Vertriebsmethoden zu gewinnen. In den Kapiteln vier und sieben werden einige dieser Praktiken angesprochen und Möglichkeiten zur rechtzeitigen Entlarvung aufgezeigt.

Unseriosität kommt aber nicht nur bei Verkäufern vor, sondern in allen Berufsgruppen, ebenso Pfusch und sogenannte „Kunstfehler". Hingewiesen sei nur auf Notare, die wegen Unterschlagung von Mandantengeldern im Gefängnis sitzen, Ärzte, deren Operationsfehler zum Tode der Patienten führten oder die wegen Krankenkassenbetrugs verurteilt worden sind und schließlich auf einen Pastor, der wegen Mordes seiner Ehefrau verurteilt wurde. Damit sind Betrügereien von Kaufleuten oder solchen, die sich als solche ausgeben, nicht zu entschuldigen. In allen Berufsgruppen lassen sich Negativbeispiele finden, diese sind überall - auch im Network-Marketing - Ausnahmen von der Regel. Nicht das Metier an sich ist jeweils kriminell, sondern immer nur der einzelne Mensch, der sich regelwidrig verhält! Dies ist auch bei der Bewertung des MLM zu beachten. Pauschale Verurteilungen und Generalverdacht sind immer falsch und nützen niemandem. Sie sind mindestens so schädlich wie die kritisierten Praktiken, da sie alle, die im MLM einen anständigen Job leisten, undifferenziert diskriminieren. Auch schrecken sie oft Menschen ab, eine gute Chance zur Besserung ihrer Lebensumstände zu ergreifen.

3.4.2 Network-Marketing (NWM)

Der Begriff „Network-Marketing" (NWM) ist nicht nur eine neuere Umschreibung des alten Multi-Level-Marketings, sondern er umschreibt auch eine neue Praxis: Neu gewonnene Kunden bestellen im Network-Marketing direkt beim Hersteller, werden von diesem direkt beliefert und bezahlen an diesen direkt. Der Repräsentant ist nicht mehr der Distributor des Unternehmens, der auch die Lieferungen verteilt, sondern derjenige, der die Ware präsentiert, den Einkauf vermittelt oder auch einfach nur Empfehlungen ausspricht. Er erhält seine Provisionen entsprechend dem Vergütungsplan des Unternehmens in der Regel im darauf folgenden Monat, nachdem die Provisionsabrechnung erstellt worden ist. Dieses Verfahren ist weitgehend identisch mit den Geschäftsusancen des klassischen Vertriebs.

Network-Marketing unterscheidet sich vom MLM vor allem dadurch, dass keine Lagerhaltung mehr erforderlich ist. Betriebswirtschaftlich hat dies einen großen Vorteil: Wenn der Vertriebspartner kein Lager unterhalten muss, dann sind weder ein Lagerbestand noch die laufenden Umsätze der Kunden zu finanzieren. Er hat auch kein Risiko, dass er die eingelagerte Ware gar nicht verkaufen kann. Der Organisationsaufbau über mehrere Ebenen ist formal gesehen der gleiche wie im bisherigen MLM. Aber die tägliche Praxis ist eine andere. In manchen Branchen und bei manchen Produkten ist es jedoch notwendig, Anschauungsmuster oder Vorführgeräte zu kaufen. Eine weitere Bequemlichkeit besteht in der Möglichkeit, Artikel des täglichen Bedarfs (z.B. Nahrungsergänzung, Körperpflege und ähnliche) zu abonnieren. Die Lieferung erfolgt im Abonnement monatlich jeweils zum gleichen Stichtag, so dass der Kunden nie eine Lücke in der Belieferung hat.

Ein besonderer Aspekt liegt auch auf der Netzwerkbildung unter den Vertriebspartnern. So erfolgt die Ausbildung nicht unbedingt nur in der strengen Linie vom Sponsor abwärts, sondern es werden bei vielen Firmen auch Trainingsveranstaltung für die „Sideline" angeboten. D.h. für die verschiedenen Zweige einer Downline, die sich nebeneinander unter einer Führungskraft entwickeln.

Wenn diese Führungskraft ein Trainings-Meeting veranstaltet, so werden in der Regel alle Downliner aus ihren verschiedenen Zweigen eingeladen. Wenn aber ein Networker seine persönlich Gruppe zum Training einlädt, sind die Downliner außerhalb dieser Gruppe sowie Sideliner nicht angesprochen. Bei vielen Firmen ist es üblich, auch Vertriebspartner aus der Sideline zum Training zuzulassen. Wenn dies auf allgemeiner Gegenseitigkeit geschieht, haben alle Beteiligten davon einen Vorteil

3.4.3 . Empfehlungsmarketing

„Empfehlungsmarketing" ist die aktuellste Weiterentwicklung des Direktvertriebes, bei der gar kein „Verkaufsgespräch" mehr erforderlich ist. Es baut darauf auf, dass die Kunden so zufrieden sind, dass sie Empfehlungen für die Produkte aus Begeisterung an Dritte geben. Empfehlungen für ein Restaurant, einen Film, ein Buch oder irgendein anderes Produkt werden von fast jedem Menschen häufig ausgesprochen. Viele Menschen lieben es, anderen etwas Gutes zu empfehlen. Dies kann man jedoch nur, wenn man das Restaurant besucht, den Film gesehen, das Buch gelesen oder das Produkt benutzt und ausprobiert hat. Eine Empfehlung kommt auch dann nur in Frage, wenn man von dem Erlebten begeistert ist, wenn es gut gefallen hat und man auch nach einiger Zeit sich noch gerne an das Erlebnis erinnert. Wenn dies nicht der Fall ist, wird man wenigstens gegenüber seinen Freunden und gegenüber Menschen, deren Wohlwollen man sich erhalten möchte, keine Empfehlung aussprechen, auch dann nicht, wenn man für die Empfehlung bezahlt werden sollte.

Eine Empfehlung setzt volle Zufriedenheit mit dem empfohlenen Gut voraus!

An dieser Erkenntnis setzen die professionellen Bemühungen im Empfehlungsmarketing an[9].

Der Begriff wird heute inflationär gebraucht von zahlreichen MLM-Firmen, die ganz normales Network-Marketing betreiben. Daher muss man ihn immer hinterfragen, denn echtes Empfehlungsmarketing ist nicht verbunden mit praktischer Verkaufstätigkeit. Ein „Empfehler“ verkauft im engeren Wortsinne nicht, denn er bietet keine Ware an, er liefert nicht aus und kassiert auch nicht den Kaufpreis. Ein Empfehler spricht nur über seine eigenen guten Erfahrungen. Nur dann, wenn der Kunde kaufen möchte, vermittelt er dessen Einkauf, indem er die Kundenadresse an die Firma weitergibt oder dem Kunden ein Bestellformular und eine Produktübersicht überlässt. Empfehlungsmarketing ist zwar eine Vertriebsstrategie, es kennt aber keine „Verkäufer“!

3.5 Network-Marketing in Deutschland

3.5.1 Die Produktgruppen im Network-Marketing

Nicht alle Produkte sind für den Vertrieb im Network-Marketing geeignet. Welche Branchen bedienen sich dieses Absatzinstrumentes und wie stark sind welche Produktgruppen am Markt vertreten? Leider liegen zu dieser Frage keine amtlichen oder umfassenden

Verbands-Statistiken vor. Deshalb sind in der folgenden Tabelle Ergebnisse einer Erhebung der Fachhochschule Worms zitiert:

Branche	Prozent
Nahrungsergänzung, Vitamine, Säfte	90
Wellness, Gesundheit	84
Körperpflege Kosmetik	80
Präventionsprodukte	32
Wassertechnologie	30
Reinigungsmittel	19
Strom, Telekommunikation, EDV, Internet	18
Nahrungsmittel, Getränke	16
Modeschmuck	11
Tiernahrung	11
Haushaltswaren, Elektrogeräte	9
Textilien, Dessous	9
Bücher, Zeitschriften	6
Weiterbildung	4

Diese Daten wurden im Frühjahr 2005 mit Hilfe einer internetgestützte Befragungsaktion gewonnen. Die Studie gilt als die umfassendste bisher in Deutschland durchgeführte Datenerhebung zum Network-Marketing.[10] Es flossen die Angaben von 2700 Network-Marketing Vertriebspartnern ein, die auf freiwilliger Basis die Fragebögen ausgefüllt hatten. Doppelnennungen waren möglich.

3.5.2 Daten und Zahlen zum NWM in Deutschland

In Deutschland setzen etwa 160 Unternehmen Network-Marketing als Vertriebskanal ein. Davon sind nur wenige im Bundesverband Direktvertrieb vertreten. Das älteste deutsche NWM-Unternehmen wurde 1985 in Ahlen (Westf.) gegründet. Es stellt edle Düfte, Körperpflegemittel und Vitalstoffpräparate her. Diese Vertriebsform ist also in unserem Land noch relativ jung. Neben deutschen Unternehmen dominieren vor allem die großen NWM-Unternehmen aus den USA die Szene.

Von den 2700 Teilnehmern an der Studie bezeichneten sich 23 Prozent als hauptberufliche und 77 Prozent als nebenberufliche Network-Marketing-Vertriebler. Die Dynamik des Network-Marketings zeigt sich vor allem in der Betriebszugehörigkeit der Networker:

Betriebszugehörigkeit in Jahren	Prozent
Über 10	3
5 bis 10	7
3 bis 5	18
2 bis 3	16
1 bis 2	27
Unter 1	29

Network-Marketing ist für viele Menschen offenbar der Traumberuf, denn mehr als drei Viertel der an der Umfrage teilnehmenden Networker zeigte sich mit dem Network-Marketing zufrieden:

In diesem Zusammenhang verweist Zacharias darauf, dass nach einer zeitnahen Umfrage des Gallup-Institutes nur zwanzig Prozent der deutschen Arbeitnehmer im Allgemeinen mit ihrem Beruf zufrieden waren und sich dort motiviert engagierten.

Zufriedenheit	Prozent
Sehr zufrieden	32
Zufrieden	46
Weniger zufrieden	20
unzufrieden	2

Die Umsätze im Direktvertrieb in Deutschland haben sich nach einer Prognos-Studie von 2005 in den Jahren 1988 bis 2004 um knapp 40 Prozent erhöht und wie folgt entwickelt:[11]

1988	1994	2004
5.691 Mio.	7.012 Mio	7.882 Mio

Der jährliche Umsatzzuwachs im Direktvertrieb lag eindeutig über dem Wachstum des allgemeinen Konsumgüterabsatzes und deutlich über der Entwicklung des Einzelhandels. Die Studie stützt die allgemeine Einschätzung des Direktvertriebs als Wachstumsbranche. Über die Hälfte der Deutschen hat schon mindest einmal im Direktvertrieb gekauft. Neunzehn Prozent innerhalb des laufenden

Jahres. Mehr als jeder Zehnte Befragte hat innerhalb der letzten zwölf Monate an einer Verkaufsparty, einer Network-Marketing Veranstaltung also, teilgenommen. Dies zeigt, dass diese Vertriebsform von einem breiten Publikum akzeptiert ist und dass für sie ein großes Wachstumspotenzial vorhanden ist. An gleicher Stelle wird die Wachstumsprognose der Prognos für das Jahr 2020 zitiert, aus der sich für einige Branchen im Direktvertrieb sehr hohe jährliche Wachstumspotentiale für den deutschen Markt ergeben. Besonders dynamisch wachsende Branchen im Direktvertrieb sind in der folgenden Tabelle aufgeführt.

Branche	Branche allgemein	Direktvertrieb
Nahrungsergänzung	5,0	50,0
Tierfutter	3,5	20,0
Finanzdienstleistung	4,5	7,6
Telekommunikation	4,6	7,6
Dessous	0	7,6
Tiefkühlkost	1,5	7,0
Bücher und Lexika	3,6	7,0
Lebensmittel	2,2	6,2
Kosmetik	4,0	5,0
Fenster und Türen	2,3	5,0
Haushaltswaren	2,1	5,0

Die dynamischsten Entwicklungen vollziehen sich dabei in den Bereichen, die heute schon eine bevorzugte Domäne des Network-Marketing sind: Nahrungsergänzungsmittel und Tierfutter. Für die Branchen Schmuck und Uhren, Energie, Haushaltsgeräte, Reinigungsmittel, Wein und Küchen wird vom Prognos-Institut ein durchschnittliches Wachstum geschätzt, wobei teilweise das Wachstumspotential im Direktvertrieb noch schwächer gesehen wird als im Durchschnitt der Branche.

3.5.3 Akzeptanz von NWM in Deutschland

Im Rahmen einer Diplomarbeit an der Verwaltungs- und Wirtschaftsakademie Frankfurt (M) wurde die Akzeptanz von Network-Marketing bei deutschen Verbrauchern untersucht. [12] Die Autorin hat Befragungen in der Kundschaft eines der bedeutendsten USbasierten Anbieters von Körperpflegemitteln und Nahrungsergänzung am deutschen Markt durchgeführt. An der Umfrage beteiligten sich 312 Personen, die einer zufallsgenerierten Stichprobe angehörten. Das Unternehmen unterstützte die Arbeit, weil nur zufriedene Kunden bereit sind, durch Empfehlung neue Kunden zu generieren. Dieses ist die essentielle Grundlage jedes Network-Marketing Systems. Die Befragten zeigten eine große Produkt- und Kundentreue:

Kunden seit mehr als 5 Jahren	18,8 %
Kunde seit 3 – 5 Jahren	31,9 %
Kunde seit 1 – 3 Jahren	36,6 %
Kunde seit weniger als 1 Jahr	10,5 %
Nicht mehr kaufende frühere Kunden	2,2 %

Zwei Drittel der Kunden kauften regelmäßig monatlich (66 %), über ein Fünftel (21 %) regelmäßig mindestes einmal im Quartal und weitere zwölf Prozent unregelmäßig weniger als drei Mal im Jahr. Auch die Einkaufshöhe ist erstaunlich.

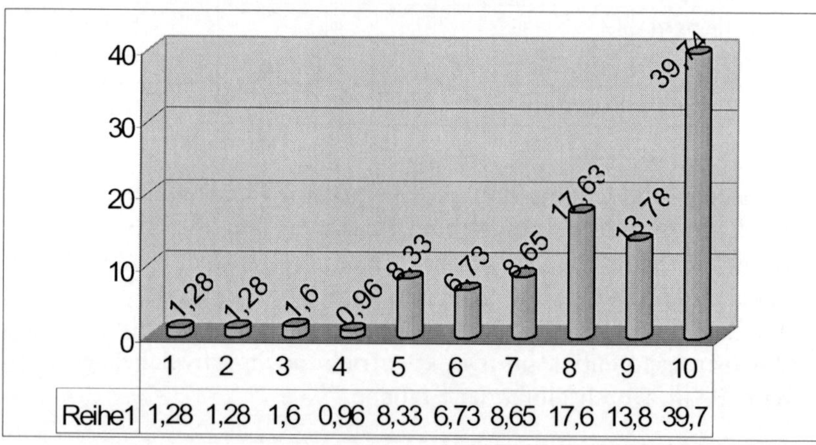

Abb. 4 Messung der Kundenzufriedenheit auf einer Skala von 1 bis 10.

Für die qualitativ hochwertigen Nahrungsergänzungsmittel auf reiner Pflanzenbasis sowie die Körper- und Gesichtspflegemittel gaben die Hälfte der Kunden (50 %) mehr als 150 Euro pro Einkauf aus, fast ein Drittel (32,5 %) zwischen 100 und 150 Euro.

Zufriedenheit ist eine sehr subjektive Wahrnehmung. Zu ihrer Messung wurde das Preis-Leistungs-Verhältnis herangezogen. Die Kunden haben auf einer Skala von 1 (= unzufrieden) bis 10 (= sehr zufrieden) ihre eigene Einschätzung des Preis-Leistungsverhältnisses angekreuzt. Das Ergebnis brachte sehr gute Noten für das Unternehmen, wie Abb. 4 zeigt.

Rund 71 Prozent der Kunden waren zufrieden bis sehr zufrieden. Nur jeder zwanzigste Kunde hatte einen Zufriedenheitsgrad von weniger als 50 Prozent angegeben. Dies belegt sehr eindrucksvoll, sowohl die Qualität als auch die Preiswürdigkeit der Produkte. Dieses Ergebnis kann in der grundsätzlichen Aussage auch auf andere Firmen im Network-Marketing übernommen werden, da diese Vertriebsform ihre Kunden nur durch einen hohen Grad der Kundenzufriedenheit gewinnen und auch halten kann.

- Diese Erhebung bestätigt eine allgemeine Erfahrung im Network-Marketing. Die regelmäßigen monatlichen Einkäufe resultieren aus der Möglichkeit, die Produkte zu abonnieren. Diese Praxis stabilisiert das Geschäft in hohem Maße und stabilisiert auch den Provisionsfluss und damit das Einkommen der Networker. Der hohe Zufriedenheitsgrad der Kunden erleichtert auch die Gewinnung neuer Partner für das Geschäftsmodell Network-Marketing.

3.6 Verbände für Direktvertrieb und Network-Marketing

Branchenverbände haben den Zweck, gemeinsame Interessen einheitlich zu verfolgen und wahrzunehmen. Dabei geht es sowohl um politische Lobbyarbeit als auch um wirtschaftliche Interessen der einzelnen Mitglieder und der ganzen Branche. In Deutschland haben sich derzeit 38 Unternehmen zum Bundesverband Direktvertrieb e.V. zusammengeschlossen. Daneben besteht noch der Unternehmerverband Direktvertrieb e.V. und der Bundesverband Network-Marketing e.V.

3.6.1 Der Bundesverband Direktvertrieb e.V..

Dem Verband hat sich nicht alle Direktvertriebsfirmen in Deutschland angeschlossen. Die Verbandsmitglieder gehören zu folgenden Branchen: Bausparkassen, Finanzdienstleistungen, Telekommunikation, Stromversorgung, Porzellan und Haushaltswaren, Weine, Körperpflege, Waschmittel, Reinigungsmittel, Kosmetik, Nahrungsergänzung, Tiernahrung, Haushaltsgeräte, Möbel, Textilien, Tee, Kerzen, Eis und Tiefkühlkost, Gar- und Serviersysteme, Frischhaltesysteme, Küchenmaschinen, Raumluftreinigungssysteme, Raumpflegegeräte, Geschenkartikel, Accessoires, Bier, Spirituosen, Spielwaren und andere Konsumgüter. Die aktuellen Mitglieder werden auf der Website des Verbandes vorgestellt und sind dort auch verlinkt. Nur wenige Mitglieder arbeiten im Network-Marketing.

Der Verband geht zurück auf die 1967 erfolgte Gründung des Arbeitskreises „Gut beraten – zu Hause gekauft" als Antwort der Gründungsunternehmen auf Vorurteile und Klischees gegenüber dem Direktvertrieb. Eine sehr wichtige Funktion erfüllt der Verband heute durch sein Gütesiegel, das er den Firmen in Form seines Logos zur Verfügung stellt, da sich alle Mitgliedsfirmen verpflichten, die gemeinsam beschlossenen Verhaltensgrundsätze einzuhalten. Im Falle von Kundenbeschwerden kann der Verband diese Grundsätze auch gegen seine Mitglieder durchsetzen. Darüber hinaus stellt der Verband auf seiner Website Verbrauchertipps zur Verfügung, zum Beispiel Checklisten für das Verhalten bei Kaffeefahrten oder über die Unterschiede von seriösen und zweifelhaften Direktvertriebsfirmen.

Für die Kunden sind auch die Verhaltensstandards des Direktvertriebs sehr nützlich. Sie stehen für ein faires Miteinander im Direktvertrieb. Als Leitlinien für ein sauberes Marktverhalten garantieren die Verhaltensstandards des Direktvertriebs nicht nur Schutz vor unseriösen Geschäftspraktiken, Kunden- und Mitarbeiterzufriedenheit haben hier erste Priorität.

Als eine Maßnahme der Selbstregulierung haben die Mitgliedsunternehmen des Bundesverbandes die Verhaltensstandards bereits 1980 geschaffen und sich zur strikten Einhaltung im Interesse ihrer Kunden verpflichtet. Die heutigen Verhaltensstandards gehen auf den Europäischen Verhaltenskodex der Direktvertriebswirtschaft zurück, sie sind im April 1996 von den Mitgliedern des Bundesverbandes einstimmig verabschiedet worden. Auch verpflichten sie die Mitglieder des Bundesverbandes, im Geschäftsverkehr auf ein faires und ehrliches Verhalten gegenüber Verbrauchern, Außendienstmitarbeitern und Mitbewerbern zu achten.

Diese Verpflichtung umfasst insbesondere

- ein faires Verhalten bei der Anbahnung, dem Abschluss und der Abwicklung des Vertrages
- die Einräumung eines gegenüber dem Gesetz erweiterten Widerrufsrechts
- ein korrektes und ehrliches Verhalten im Umgang mit den Außendienstmitarbeitern.

Die Einhaltung der Verhaltensstandards kontrolliert und überwacht eine verbandseigene Kontrollkommission.

Der Verband ist Mitglied des europäischen Dachverbandes, dem Direktvertriebsverbände aus allen europäischen Ländern angehören. Dieser nimmt vor allem politische Interessen bei der EU wahr. Darüber hinaus ist er die wichtigste Quelle für statistische Zahlen zum Direktvertriebsmarkt in Europa (www.fedsa.eu). Nur die Zahlen der deutschen Verbandsmitglieder gehen in die Berichterstattung des europäischen Dachverbandes ein (siehe Anhang).

Bundesverband Direktvertrieb Deutschland e.V.

D-10719 Berlin
Tel.: 030 23 63 56 80, Fax: 030 23 63 56 88
info@bundesverband-direktvertrieb.de
www.bundesverband-direktvertrieb.de

3.6.2 Der Unternehmensverband Direktvertrieb e.V.

Im Jahr 2006 gründeten bedeutende Network-Marketing Unternehmen in Deutschland den Unternehmensverband Direktvertrieb (UV-DV) e.V. Zu der Gründung hat sicherlich beigetragen, dass der Bundesverband Direktvertrieb die Aufnahme mehrerer großer Network-Marketing Unternehmen abgelehnt hatte.

Der Unternehmensverband Direktvertrieb nimmt nur Unternehmen mit eigenem Produktprogramm auf, keine reinen Vertriebsteams. Der Verband strebt folgende Ziele an:

- Offizielle Vertretung von Network Marketing Firmen in Deutschland
- Austausch und Kontakt zwischen den Firmen

- Höhere Professionalisierung aller Beteiligten
- Gütesiegel für die Branche
- Beitritt zu den Weltverbänden (z.B. FEDSA, WFDSA)

Dem UV-DV gehören Unternehmen aus den Branchen Nahrungsergänzung und Körperpflege, Kosmetik und Düfte, Telekommunikation, Modeschmuck, Fruchtsäfte, Wein, Textilien an. Der Verband hat sich verbindliche Verhaltensregeln für den Umgang miteinander sowie mit den Vertriebspartnern gegeben. Ziele Regeln sind:

- Die Förderung von Zufriedenheit und Schutz von Endkunden und Vertriebspartnern
- Die Schaffung einer Verhandlungsgrundlage für alle Mitgliedsunternehmen
- Die Pflege des Ansehens von Direktvertrieb und Network-Marketing.

Die Verhalternsregeln beinhalten Informationspflichten gegenüber den Kunden, über die gesetzlichen Regeln hinausgehende Widerrufsrechte und Rückgaberegeln.

Für das Verhalten der Firmen untereinander und gegenüber ihren Vertriebspartnern verpflichten sie sich zu Fairness und Lauterkeit. Ausdrücklich grenzen sich die Mitgliedsunternehmen und ihre Vertriebspartner jederzeit und deutlich von Sekten und anderen spirituellen Vereinigungen ab, ebenso von illegalen und unseriösen Vertriebssystemen, z.B. von Pyramiden- und Schneeballsystemen.

Beim Anwerben von Vertriebspartnern sollen keine falschen Erwartungen über die Verdienstmöglichkeiten geweckt werden, auch ist Abwerbung zu unterlassen. Die Mitgliedsunternehmen verpflichten sich ausdrücklich, ihren Vertriebspartnern keine unverhältnismäßigen vertraglichen Verpflichtungen aufzuerlegen (wie z.B. Eintritts-, Trainings-, Franchise- und ähnliche Gebühren oder unverhältnismäßige Vergütungen für Werbematerialien). Unabhängig davon, ob gesetzliche Widerrufsrechte bestehen, wird dem Vertriebspartner das Recht eingeräumt, innerhalb von 14 Tagen ab Abschluss ohne Angabe von Gründen vom Vertrag zurückzutreten. Nach einem Rücktritt nimmt das Mitgliedsunternehmen alle vom Vertriebspartner erworbenen Produkte einschließlich Werbematerial und sonstiger Hilfsmittel zurück, wenn und soweit diese ungebraucht sowie wiederverkaufsfähig sind, und erstattet den dafür gezahlten Kaufpreis in voller Höhe. Auch die Lagerhaltung der Vertriebspartner wird sehr eng begrenzt.

Unternehmensverband Direktvertrieb e.V.

Westhafenplatz 1, D-60327 Frankfurt
Tel : 069-710456470, Fax: 069-710456450
E-Mail: info@uv-dv.de, www.uv-dv.de

3.6.3 Der Bundesverband Network-Marketing (BVNM)

Der Bundesverband Network Marketing e.V. ist die Interessenvertretung der Networker und ihrer Branche im deutschsprachigen Raum. Der Verband verpflichtet sich in seiner Arbeit zu strikter Neutralität gegenüber Network-Marketing-Unternehmen und zu einer sachlichen Aufklärung über Network Marketing.

Durch breit gefächerte Initiativen soll die Wahrnehmung des Network Marketing in der Öffentlichkeit gefördert werden. Ziel ist es, jedem Interessierten eine fundierte und vorurteilsfreie Meinung über Network Marketing zu ermöglichen.

Auch bei Entscheidungsträgern in politischen und wirtschaftlichen Institutionen muss Network Marketing weiter an Akzeptanz gewinnen und differenzierter wahrgenommen werden, um als Branche eine optimale Förderung zu erfahren. Zu diesem Zweck kooperiert der BVNM e.V. mit den zuständigen Institutionen und achtet auf eine angemessene Berichterstattung in den Medien.

Mittel- und langfristige Ziele dieser Zusammenarbeit sind u.a.: die Anerkennung des Network Marketing als eigenständiges Berufsbild, die Einflussnahme auf Gesetzgebungsverfahren, die die Geschäftspraxis betreffen und der wettbewerbsrechtliche Schutz des Wirtschaftssystems Network Marketing.

Der BVNM e.V. informiert unabhängig und aktuell über Inhalte, Vorteile und Chancen einer Selbstständigkeit im Network Marketing. Durch ein vielfältige Angebote unterstützt der BVNM jeden Networker bei dem Geschäftsaufbau. Network Marketing sieht er als eine Selbstständigkeit im Einklang mit persönlichen Werten wie Eigenverantwortung, Lebensqualität, Lebensfreude und Unabhängigkeit.

Im BVNM e.V. finden sich Networker mit dem gemeinsam Ziel zusammen, verantwortlich und wegweisend im Sinne der Verhaltensstandards des Verbandes zu arbeiten und mit gemeinsamer Stimme für ein Verständnis des Network Marketing einzutreten.

Die **Verhaltensstandards** des BVNM e.V. dienen der Regulierung der Geschäftspraktiken der im Network Marketing Tätigen und sind für Mitglieder des Verbandes verbindlich. Der BVNM e.V. möchte mit ihnen Einfluss auf die Kultur der Geschäftspraxis des Network Marketing nehmen und damit zu einer Imageverbesserung beitragen.

Bundesverband Network-Marketinge.V. (BVNM)

Ludwig-Erhard-Haus, Fasanenstr. 85 D-10623 Berlin
Tel. 030 - 21 01 56 12, Fax : 030 - 21 01 56 13
E-Mail : info@bvnm.de, www.bvnm.de

3.7 Multi-Channel-Marketing

Unternehmen versuchen oft eine optimale Marktabschöpfung für ihre Produkte dadurch zu erreichen, dass sie verschiedene Vertriebswege parallel beschreiten. Bekannt ist diese Taktik schon lange aus der Waschmittel- oder Zigarettenindustrie. Ein Waschmittelkonzern verwendet die gleichen waschaktiven Substanzen und parfümiert und verpackt sie unterschiedlich, macht abweichende Werbeaussagen und verkauft sie über getrennte Verkaufsteams oder Gesellschaften, die oft als „Profit-Center" bezeichnet werden. Diese kämpfen unter dem Dach des gleichen Konzern am Markt gegeneinander. Wer auch immer die Nase vorne hat, die Gewinne landen auf alle Fälle in der Bilanz des Konzerns.

Unter diesen Gesichtspunkten haben einige Unternehmen mit ihren besten Produkten eine getrennte Network-Marketing-Firma gegründet und betreiben diese erfolgreich. Da die Firmen unter verschiedenen Namen antreten und unterschiedliche Marken nutzen, ist diese Taktik für das Publikum nur schwer erkennbar.

So kann ein Unternehmen sowohl bekannte Markenartikel, für den Fachhandel und die großen Handelsketten herstellen und aus der gleichen Produktionslinie Premium-Produkte unter anderer Markenbezeichnung im Network-Marketing verkaufen.

4. Es gibt viel Kritik am Network-Marketing - was ist dran?

Seitdem es Network-Marketing gibt, steht es in der Kritik. Ursprünglich kam die Kritik nur von den Handelsverbänden und ihren Interessenvertretern, da diese natürlich ihre Geschäftsfelder durch den neu aufkommenden Wettbewerb des Direktvertriebs bedroht sahen. 1979 entschied der oberste Gerichtshof der USA, dass Network-Marketing eine legale Vertriebsform sei, wenn bestimmte Kriterien eingehalten werden. Sogenannte Pyramidensysteme (*pyramid shemes*) wurden verboten. Dabei handelt es sich um Angebote, die pyramidenartig aufgebaut sind, und ihre Leistungen von Stufe zu Stufe verkaufen, bis schließlich der Letzte keine Chance mehr hat, die Leistungen noch absetzen zu können, da die Preise deutlich über dem Marktpreis liegen und er offensichtlich mit falschen Angaben betrogen wurde. Solche Versuche kommen möglicherweise auch im übrigen Geschäftsleben vor, aber dann handeln Kaufleute mit Kaufleuten und die Gefahr, auf die falschen Angaben hereinzufallen ist unter Fachleuten und Branchenkennern wesentlich geringer, als wenn Privatleute und Laien für das Geschäft angeworben werden.

Diese waren der Anlass für die Kritik und es wurde ein besonderes Schutzbedürfnis des Publikums gesehen, um vor Irreführungen und daraus folgenden Vermögensschäden geschützt zu werden. Die Rechtssprechung zog in mehreren Urteilen höherer Gerichtsinstanzen eine Grenze zwischen den „illegalen Schneeballsystemen“ und dem legalen Network-Marketing. Öffentlich geäußerte Verdächtigungen gegenüber Network-Marketing-Firmen gehen meist weit über das Ziel des berechtigten Verbraucherschutzes hinaus, indem einige Kritiker alle Firmen, die im Network-Marketing arbeiten, undifferenziert unter Generalverdacht stellen. Daher werden hier einige wichtige Vorwürfe gegenüber dem Network-Marketing allgemein behandelt.

4.1 Der Zielkonflikt: Verbraucherschutz versus Berufs- und Gewerbefreiheit

Artikel 12 des Grundgesetzes der Bundesrepublik Deutschland garantiert die Berufsfreiheit und gibt ihr damit Verfassungsrang. Diese darf aber nicht als Freibrief für unseriöse Geschäftemacherei missverstanden werden. Daher schränken bestimmte gesetzliche Regelungen die Vertragsfreiheit insbesondere zum Schutze der Verbraucher ein.

Die Verbraucherzentralen haben einen Informationsflyer über das MLM erarbeitet, in dem die wichtigsten Aspekte für die Beurteilung eines Network-Marketing-Systems aufgeführt sind. In diesem Flyer werden Fragestellungen erläutert, die ein Interessent für das Network-Marketing an sich selbst aber vor allem auch an seinen künftigen „Sponsor" stellen sollte, um Enttäuschung zu vermeiden. Auf „www.verbraucherzentrale-niedersachsen.de" kann der Flyer „Multi Level Marketing" abgerufen werden..

Unter dem Stichwort „Verbraucherschutz" werden aber auch – insbesondere auf einigen privaten Websites – völlig unhaltbare Forderungen, beispielsweise nach einem gesetzlichen Verbot des MLM in Deutschland erhoben. Dabei wird allgemein der gleiche Fehler gemacht. Einzelfälle mit unlauterem Ansatz werden auf den ganzen Markt verallgemeinert ohne jeglichen Versuch einer differenzierten Betrachtung der aktuellen Einzelfälle. Ein solches Vorgehen ist weder juristisch noch wissenschaftlich haltbar. In einer pluralistischen Gesellschaft, die die Entscheidungsfreiheit des einzelnen Menschen als ein sehr hohes Gut betrachtet, ist es selbstverständlich jedem Kaufmann unbenommen, die für seine Unternehmensziele sinnvollste legale Methode im garantierten Rechtsrahmen anzuwenden. Wer dies ändern will, trifft unsere Rechtsordnung im Kern.

Mancher Kritiker erweckt allerdings den Eindruck, dass seine Argumentation einer Denkweise entspricht, die der marktwirtschaftlichen Ordnung und der pluralistischen Gesellschaft kritisch gegenübersteht. Er argumentiert dann nicht aus Menschenfreundlichkeit oder zum Schutz der Verbraucher, sondern auf der Basis ideologischer Vorurteile.

4.2 Kritik Nr. 1: Ist das nicht ein „Schneeballsystem"?

Diese Frage wird Networkern oft wie ein Bannstrahl entgegengeschleudert. Fragt man die Kritiker, was sie unter einem „Schneeballsystem" verstehen, dann werden sie meist unsicher. Richtig ist die umgekehrte Aussage: „Schneeballsysteme" bedienen sich teilweise der Methode des Network-Marketings insofern als Mitglieder neue Mitglieder werben aber echte Network-Marketing-Unternehmen sind keine „Schneeballsysteme". Warum?

Der Begriff „Schneeballsystem" ist seit über 25 Jahren durch Rechtssprechung juristisch besetzt. Er kennzeichnet bestimmte Formen des Serienbetrugs. Professor Dr. Zacharias von der FH Worms nennt folgende Merkmale für illegale Schneeballsysteme:[13]

- Meist kein Produkt oder ein Produkt ohne Nutzen
- Produkte werden von der nächsthöheren Ebene bezogen und mit Preisaufschlag von Ebene zu Ebene weitergereicht,
- Provision für das Anwerben neuer Vertriebspartner (Kopfprämie), der eigentliche Verkauf wird zur Nebensache,
- Zeitpunkt des Einstiegs ist wichtig,
- Überholen früher Eingestiegener ist nicht möglich
- Hoher finanzieller Einsatz, Vertragsstrafen, Mindestabnahmen, teure Kurspakete.

„Schneeballsysteme" sind immer kurzlebig. Die letzten in der Kette gehen immer leer aus. Zacharias weist darauf hin, dass im Network-Marketing von diesen Punkten jeweils das genaue Gegenteil realisiert wird. Daraus ergeben sich klare Praxis-Kriterien für legales Network-Marketing und illegale Schneeballsysteme.

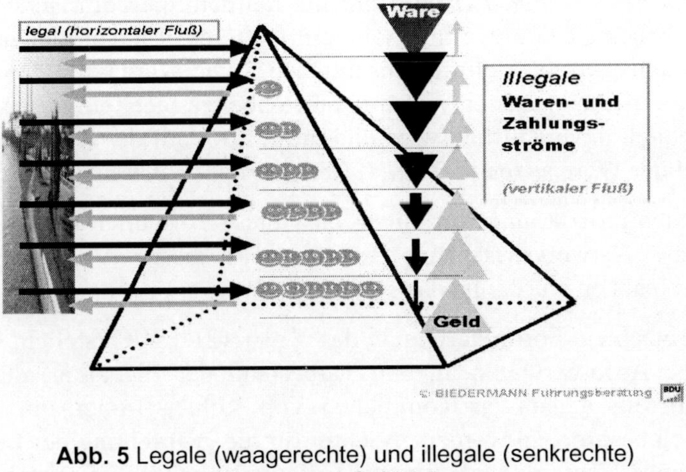

Abb. 5 Legale (waagerechte) und illegale (senkrechte) Waren- und Geldströme

Im legalen MLM sind die Preise auf allen Ebenen gleich hoch. Bei illegalen (=senkrechte Pfeile) Schneeballsystemen erhöht sich der

Preis von Ebene zu Ebene, die Mengen werden von Ebene zu Ebene kleiner

4.3 Kritik Nr. 2: Ist das nicht „progressive Kundenwerbung"?

Eng mit dem Vorwurf des Schneeballsystems ist der Vorwurf der „progressiven Kundenwerbung" verbunden. Dieser Begriff wird in dem Gesetz gegen den unlauteren Wettbewerb (UWG) in § 16, Absatz 2 beschrieben. Dabei handelt es sich um einen Straftatbestand. Typisch für diesen ist, dass ein Unternehmen für die Werbung und für den Vertrieb Laien einsetzt, die zur Abnahme von Waren durch das Versprechen besonderer Vorteile für den Fall veranlasst werden, dass sie weitere Abnehmer zum Abschluss gleichartiger Geschäfte gewinnen, denen ihrerseits derartige Vorteile für eine entsprechende Werbung weiterer Abnehmer versprochen werden.

Die „progressive Kundenwerbung" tritt in zwei Spielarten auf, einmal im oben bereits erwähnten Schneeballsystem, bei dem der Hersteller einen Vertrag unmittelbar mit den von ihm geworbenen Erstkunden abschließt und dann mit den durch deren Vermittlung geworbenen weiteren Kunden. Die andere Spielart ist das „Pyramidensystem" (*engl. Pyramid sheme*), bei dem die vom Hersteller geworbenen Erstkunden ihrerseits mit weiteren Kunden gleichartige, systemtypische Verträge abschließen.[14] Die Ware wird also von Ebene zu Ebene weiter verkauft und dabei immer teurer, bis sie schließlich unverkäuflich wird und die Käufer auf der letzten Ebene auf der Ware sitzen bleiben. („*Den Letzten beißen die Hunde*".)

Der Nichtjurist könnte vermuten, dass diese Formulierung auf das normale Network-Marketing zutrifft, was diesen Vertriebsweg illegal machen würde. Ist das so?

Die einzelnen Formulierungen des § 16 (2) UWG stellen sehr strenge Anforderungen an den Tatbestand der Illegalität, die in dem bereits genannten Kommentar von Köhler-Bornemann ausführlich besprochen werden. Wichtig für die Beurteilung der Legalität eines Network-Marketings ist die abschließende Feststellung in diesem Kommentar:

> *„Bei einem* ***Multi-Level-Marketing*** *(MLM)-System („Strukturvertrieb") wird der Kunde im Gegensatz zur progressiven*

Kundenwerbung nicht veranlasst Waren über den eigenen Bedarf hinaus zu erwerben. Er erhält lediglich die Möglichkeit, sich durch Werben von weiteren Absatzmittlern eine Provision oder einen sonstigen Vermögensvorteil zu verdienen. Eine derartige Absatzorganisation ist daher ***grundsätzlich zulässig****."*[15]

Auch der zweite führende Kommentar zum Wettbewerbsrecht kommt zu dem Ergebnis, dass das in diesem Buch besprochene Network-Marketing nicht gegen das UWG verstößt, weil es sich nicht um eine Form der progressiven Kundenwerbung handelt.

*„Die Organisation von Strukturvertrieben, bei denen Laien zum Absatz von Waren und Dienstleistungen eingesetzt werden, [...] (***Multi-Level-Marketing***), fällt dann nicht in den Anwendungsbereich des § 16 Abs. 2, wenn die werbenden Mitarbeiter selbst keine Waren, [...]beziehen, sondern sich darauf beschränken den Vertrag mit dem Veranstalter* (= Hersteller, der Verf.) *zu vermitteln. [...]*

[...] auch, wenn der Kunde gleichzeitig mit dem Verkauf der Produkte auf eine Beratertätigkeit angesprochen wird, liegt ***keine verbotene progressive Kundenwerbung*** *vor, sofern weiterhin ersichtlich ist, dass es ihm primär auf den Erwerb des Produktes ankommt, was zumindest dann der Fall ist, wenn er trotz Beratertätigkeit keinen Vorrat halten muss (Hervorhebungen alle vom Verfasser)."*[16]

Der Kommentar beruft sich dabei auf ein Urteil des Landgerichtes Offenburg aus dem Jahr 1997. Diesen Forderungen genügen nach den Beobachtungen des Verfassers alle seit mehr als einem Jahr am deutschen Markt tätigen Network-Marketing-Systeme, die sich mit dem Absatz von Waren und Produkten befassen. Der Vorwurf der progressiven Kundenwerbung, der besonders auf den kritischen Seiten des Internet von mehreren Autoren undifferenziert und nur nach dem Gesetzestext erhoben wird ist im Hinblick auf die bekannten Network-Marketing-Unternehmen, die meist schon viele Jahre am Markt sind, mit Sicherheit nicht berechtigt.

4.4 Kritik Nr. 3: Sind die Waren überteuert, weil viele mitverdienen?

Tatsächlich erhalten im Network-Marketing die Vertriebspartner über mehrere Ebenen auf die Umsätze, die ihre Downliner erzielen, eine Provision. Diese Praxis ist prinzipiell die gleiche wie im klassischen Industrievertrieb. Dies wurde weiter oben bereits ausgeführt. Fakt ist also, dass die Tatsache, dass ein mehrstufiges Provisionssystem zur Entlohnung von Verkaufstätigkeiten besteht, nicht zur „Überteuerung" führen kann. Liegt eine solche im Network-Marketing überhaupt vor?

Der klassische Industrievertrieb verursacht Kosten in Höhe von bis zu 80 Prozent des Umsatzes in den mehrstufigen Vertriebswegen bei klassischen Handelsstrukturen. Im Einzelfall können diese noch höher liegen. Im Network-Marketing werden etwa 60 Prozent des Verkaufserlöses in Form von Provisionen und Boni an die Networker ausgeschüttet. Je nach Vergütungsplan erfolgt dies meist über mehrere (drei bis zwölf) Ebenen, in einigen Fällen auch in die „unendliche Tiefe" der Downline. In den allermeisten Fällen ist die an die Networker ausgeschüttete oder aufgewandte Summe für Provisionen, Boni und Incentives niedriger als die Vertriebskosten im klassischen Industrievertrieb!

Dadurch wird meist der Gewinn des Herstellers gesteigert, der dieses Geld in drei Richtungen ausgeben kann: Erstens er schüttet einen höheren Gewinn aus, wozu börsennotierte Unternehmen unter dem Gesichtspunkt des „Shareholder value" versucht sind. Familienunternehmen dagegen investieren das Geld meist lieber im Unternehmen. Zweitens: Das Unternehmen finanziert mit dem Gewinn Investitionen und vor allem die Entwicklung immer besserer Produkte. Oft geschieht dies auch über die Zusammenarbeit mit anerkannten Forschungsinstituten und Universitäten. Drittens: Der Hersteller kann die Verkaufspreise senken, wodurch die Kunden einen direkten Vorteil erhalten. Dieser Weg wird aber nur selten eingeschlagen, weil die Kunden ja weitgehend mit den Vertriebspartnern identisch sind. Im Network-Marketing sind alle Vertriebspartner gleichzeitig auch Kunden und alle Kunden können potentielle Vertriebspartner sein. Sie erhalten eine Rückvergütung wesentlicher Preisbestandteile durch die Provisionen und Boni.

Eigene Preisvergleiche von Network-Artikeln und im Handel gekauften Vergleichsprodukten (Vitamin C, Kalzium-Magnesium-Tabletten und Multivitamin-Präparate) haben ergeben, dass die im Network-Marketing angebotenen Produkte nicht teurer, sondern in mehreren Fällen eindeutig preisgünstiger waren als die im Handel (Apotheke, Supermarkt, Drogeriemarkt und Preisdiscounter) erworbenen Vergleichprodukte. Der reine Preisvergleich ergibt dabei ein schiefes Bild, da auch die Qualität und die Eigenschaften der Produkte berücksichtigt werden müssen. Dazu wurden interessante Feststellungen durch die Bewertung eines Apothekers getroffen: Die im Network angebotenen Produkte enthielten sowohl Kalzium als auch Magnesium in organischer Bindung, das heißt in einer Form die hohe Bioverfügbarkeit gewährleistet. Die im Handel (auch in der Apotheke) gekauften Produkte enthielten dagegen mit wenigen Ausnahmen Kalzium und Magnesium in anorganischer, mineralischer Verbindung meist als Carbonat. Dies bedeutet, dass nur ein kleiner Teil bioverfügbar ist, der größere Teil ist biologisch unwirksam und wird vom Körper ungenutzt wieder ausgeschieden. Dadurch wurden die im Fachhandel gekauften Präparate deutlich teurer. Tatsächlich überteuert war sogar das Angebot eines sehr großen Discounters.

4.5 Kritik Nr. 4: Warum werden die Waren nicht überall verkauft, wenn sie so gut sind?

Häufig hören Networker Zweifel an der Qualität ihrer Produkte. Wenn die Produkte so gut wären, wie der Networker behauptet, dann würden sie doch überall im Laden verkauft und das Publikum würde sie dem Handel regelrecht aus den Händen reißen. So oder ähnlich lautet eine oft geäußerte Meinung von Menschen, die ein Angebot abwehren wollen und nach Gründen dafür suchen. Wie ist diese Äußerung zu bewerten?

Die Zweifler haben selbst die Produkte nicht erprobt und können daher zur Qualität keine sachliche Aussage machen. Ihre Zweifel beruhen auf der Annahme, dass der Handel immer bemüht sei, die bestmöglichen Produkte anzubieten. Hierfür haben Kritiker, die sie äußern meist keine stichhaltigen Beweise. Sie wenden einen beliebten dialektischen Trick an, eine Behauptung, gegen die man kein sachlich-stichhaltiges Argument hat, einfach mit einer Gegenbehauptung zu kontern. Fragen wir also, warum die sehr guten

Produkte eines NWM-Anbieters nicht im Handel erhältlich sind. Dafür gibt es sehr gute sachliche Gründe:

a) Die Hersteller, meist mittelständische Unternehmen, haben sich für Network-Marketing entschieden, weil sie sich nicht der geballten Einkaufsmacht großer Handelskonzerne oder Einkaufsgruppen unterwerfen wollen. Hersteller, die nicht nach Aufträgen des Mottos „Geiz ist geil!" produzieren wollen, sondern deren Unternehmensethik auf eine optimale Bedienung ihrer Kunden und auf langfristigen, nachhaltigen Nutzen ausgerichtet ist. Solche Hersteller verkaufen über den hochqualifizierten Fachhandel oder über das Network-Marketing.

b) Die Qualität der Produkte ist tatsächlich hervorragend. Dadurch haben die Produkte aber deutlich höhere Preise als die durchschnittlichen Produkte. Wozu führt das, wenn sie neben diesen im SB-Regal liegen? Richtig, sie bleiben liegen. Die Umschlagsgeschwindigkeit, im Handel eine der wichtigsten Kennzahlen für die Beurteilung von Artikeln, ist zu niedrig, sie werden ausgemustert. Da erfahrene Handelseinkäufer dies wissen, nehmen sie diese Produkte gar nicht erst in ihr Sortiment.

c) Der Großflächen-Einzelhandel hat heute nicht mehr die fachlich sehr gut geschulten Verkäufer, die den Kunden in Qualitätsfragen beraten können. Daher sind die wesentlichen Qualitätsargumente dem Kunden im Laden nicht zu vermitteln. Die Produkte würden daher liegen bleiben, weil die Qualität nicht erkannt, auch gar nicht kommuniziert wird.

d) Um die Qualität der Produkte im Vorfeld bekannt zu machen, müsste der Hersteller die Produkte mit Qualitätsaussagen bewerben und ihnen durch Werbung das ihnen gebührende Qualitätsimage verschaffen. Markenartikel der Premiumpreislage werden genau auf diesem Weg vermarktet. Hersteller, die sich für Network-Marketing entscheiden, wollen aber ihre Geld nicht für Werbung ausgeben, sondern investieren es lieber in Forschung, Entwicklung und moderne Produktionsanlagen.

Es gibt also gute Gründe, warum die besten Produkte des NWM-Anbieters nicht im Handel vertrieben werden.

4.6 Kritik Nr. 5: Bieten im MLM nur Firmen an, die sich im „normalen“ Markt nicht verkaufen können?

Als Beleg für diese Behauptung werden unter Umständen ein oder zwei Firmen genannt, die vor wenigen Monaten oder Jahren einen MLM-Vertrieb gestartet haben und zwischenzeitig Insolvenz anmelden mussten. Solche Firmen gibt es tatsächlich. Die meisten der insolvent gewordenen MLM-Vertriebe wurden von Menschen gegründet, die sich mit unzureichender Kapitalausstattung eine eigene Handelsfirma aufbauen wollten. Diese Firmengründer kannten sich meist im Networking selbst gut aus, suchten für ein Trendprodukt einen Lieferanten und starteten oft nur mit dem Wunsch sehr schnell sehr viel Geld zu verdienen. Dabei fehlten meist ein nachhaltiges Unternehmenskonzept, eine gesicherte Infrastruktur, eine gesicherte Lieferbasis und eine ausreichende Finanzierung. Hinzu kamen oft noch unzureichende Vergütungspläne, die einen nachhaltigen Firmenaufbau der Vertriebspartner erschwerten. Eine andere Gruppe von insolventen MLM-Versuchen befasst sich mit Märkten, die einen raschen Preisverfall erlebten, wie etwa Internet-, Telekommunikations- oder e-Business-Angebote. Auch diese Firmen waren meist unterkapitalisiert. Wenn dann falsche Managemententscheidungen oder eine unteroptimale Unternehmensphilosophie hinzukamen, war das Ende meist schnell erreicht. In Einzelfällen hat sich sogar die Staatsanwaltschaft mit diesen Firmen befassen müssen, insbesondere mit solchen, die sich in Finanzdienstleistungen versucht haben. Im Einzelfall können also tatsächlich Beispiele für kurz nach der Gründung übel gescheiterte MLM-Firmen genannt werden, aber hat das einen echten Aussagewert für die Beurteilung von Network-Marketing im Allgemeinen?

Nein! Solche Vorkommnisse finden wir in allen Vertriebswegen und bei Unternehmen aller Branchen. In der Marktwirtschaft scheiden die leistungsschwächsten Unternehmen durch die Insolvenz aus dem Markt aus. Er ist nicht spezifisch für das Network-Marketing, sondern ein Zeichen für die Gesundheit unserer freien Wirtschaftsordnung. Viele Unternehmen im Network-Marketing bestehen bereits länger als zehn Jahre, einige länger als zwanzig Jahre und eine Reihe von Unternehmen über 40 oder 50 Jahre am Markt und haben glänzende Markterfolge sowie goldgeränderte

Bilanzen gerade dank ihrer wettbewerbsfähigen Network-Marketing-Konzeptionen.

Viele dieser Unternehmen erwirtschaften Umsätze in Größenordnungen weit über hundert Millionen Euro jährlich mit meist überdurchschnittlich hohem Wachstum. Einige Network-Marketing-Unternehmen setzen über eine Milliarde Euro jährlich um. Entscheidend aber ist, dass die meisten Unternehmen im Network-Marketing von den Ratingagenturen wesentlich bessere Beurteilungen erhalten als der Durchschnitt der Industrie. Gute Rating Bewertungen sind im Network-Marketing nicht selten und einige (meist inhabergeführte) Network-Marketing Unternehmen arbeiten völlig ohne Bankkredite. Das zeigt, dass das betriebswirtschaftliche Konzept guter Unternehmen im Network-Marketing auf sehr soliden Füßen steht.

Den Kritikern, die mit diesem Argument kommen, fehlen oft nicht nur die Kenntnisse der Network-Marketing-Branche sondern auch Kenntnisse der Wirtschaft, die sie aus eigener Tätigkeit in einem Unternehmen gewonnen haben. Die meisten Kritiker des Network-Marketings kommen aus wirtschaftsfernen Bereichen und verfügen meist weder über eine wirtschaftwissenschaftliche Ausbildung noch umfassende kaufmännische Erfahrungen aus der Praxis.

4.7 Kritik Nr. 6: Verdienen im Network-Marketing nur die gut, die zuerst dabei sind?

Eine immer wieder vorgetragene Kritik sagt, im Network-Marketing könnten nur diejenigen Geld verdienen, die von Anfang an dabei sind. Alle, die später einsteigen, würden nur deren Einkommen steigern, ohne selbst je die Chance zu haben, in diese Einkommensgröße aufzuwachsen.

Richtig ist, dass die Einkommen im Network-Marketing meistens im Zeitablauf wachsen. Dies liegt daran, dass im Laufe der Zeit immer mehr Kunden gewonnen werden und auch die eigene Downline weiter wächst. Der Vergütungsplan (siehe Kapitel 6) regelt, für wie viele Ebenen man provisionsberechtigt ist. Wenn ein Vergütungsplan einen „Generationenbonus“ (*Infinity Bonus*) in die unendliche Tiefe vorsieht, so wächst auch das Einkommen so lange wie die gesamte Organisation wächst. Wer dann früher die Aktivitäten für dieses Network aufgenommen hat, der hat in der Regel ein höheres Einkommen als derjenige, der später dazu gekommen ist. Ein ganz großer Vorteil aller Network-Marketing-Unternehmen ist es ja, dass jeder genau am gleichen Punkt anfängt, nämlich bei „Null". Weder seine bisherige berufliche Stellung, noch seine Ausbildung, Titel oder Orden spielen eine Rolle dafür, auf welcher Stufe er anfängt: alle steigen bei Null ein!

Wenn das Unternehmen lange am Markt bleibt (die ältesten sind heute über 50 Jahre im Geschäft), dann kann jeder später einsteigende Networker jeden früheren im Einkommen einholen, ja sogar überholen. Die Grundsätze des Network-Marketings verbieten dies nicht, Gestaltungsmöglichkeiten im Vergütungsplan können dies zulassen. Sie können dies aber auch verhindern. Daher ist jeder, der sein Glück im Network-Marketing versuchen möchte, aufgefordert, die jeweiligen Angebote gründlichst zu prüfen und nicht bei der erstbesten Firma zu unterschreiben. Diese Kritik ist in ihrer allgemeinen Form ebenso falsch wie auch alle anderen Pauschalurteile zum Thema Network-Marketing!

4.8 Kritik Nr. 7: Verdienen im Network-Marketing nur „die da oben" viel Geld ?

In den letzten zwanzig Jahren haben sich die Umsätze der gesamten Network-Marketing-Branche weltweit auf über 109 Milliarden US-$ in 2006 mehr als verdreifacht. In Europa haben sie sich mehr als verdoppelt auf ca 11,4 Milliarden EURO und auch in Deutschland sind sie stark angestiegen auf knapp zwei Milliarden EURO in 2006. Stärker als der Umsatz ist aber die Zahl der Beschäftigten bei den Direktvertriebsunternehmen gestiegen, so dass der durchschnittliche Pro-Kopf-Umsatz in den letzten Jahren gesunken ist. Dies ergibt sich aus den Verbandsstatistiken von WFDSA (World Federation of Direct Selling Associations) und FEDSA (Federation of European Direct Selling Associations). Diese Daten werden im Internet veröffentlicht. Im Anhang IV und V sind die wichtigsten Zeitreihen aufgeführt.

Aus den Umsatz- und den Mitarbeiterzahlen lässt sich der Durchschnittsumsatz pro Kopf errechnen. Er betrug in den Jahren 2005 bzw. 2006 weltweit 1.751 US-$, in Europa 1.685 EURO und in Deutschland 9.834 EURO jährlich[17]. Diese Zahlen sind tatsächlich nicht beeindruckend. Der tatsächliche Verdienst des Einzelnen dürfte etwa bei 30 bis 40 Prozent dieser Zahlen liegen. Von diesem

Verdienst müssen noch die variablen Geschäftskosten für PKW-Nutzung, Telefon, Seminarbesuch, Literatur, etc. bezahlt werden. Bevor man aber die allgemeine Schlussfolgerung zieht, im Network-Marketing könne grundsätzlich kein Geld verdient werden, muss man diese Durchschnittszahlen genauer betrachten.

Die Umsatzzahlen sind bei den meisten Firmen Großhandelsumsätze, das heißt, dass die gewährten Rabatte in diesen Zahlen nicht enthalten sind. Ein sehr großer Teil der Vertriebspartner sind Menschen, die nur ihren Eigenbedarf bei ihrem Network-Unternehmen einkaufen und sich freuen, dass sie ein sehr hochwertiges Produkt mit einem Nachlass von 25 oder 30 Prozent einkaufen können. 77 Prozent aller Networker üben ihre Tätigkeit nach eigenen Angaben nebenberuflich aus.[18] Sie sind mit einem Zusatzeinkommen von 100 bis 300 Euro pro Monat zufrieden. Rund 30 Prozent[19] sind weniger als ein Jahr im Network-Marketing tätig, dies verzerrt die Relationen erheblich. Die einfache Durchschnittszahl ist also nur von sehr begrenzter Aussagekraft. Da fast 50 Prozent[20] aller deutschen Haushalte monatlich weniger als 100 Euro frei verfügbares Geld haben, bedeutet ein Zusatzeinkommen von nur 200 Euro bereits eine Verdreifachung der frei verfügbaren Geldsumme. Das ist für viele Haushalte ein sehr willkommener Geldbetrag für besondere Ausgaben. Auch dann, wenn es von manchem Kritiker in einem hochbezahlten Funktionärsjob als ein unbedeutender Betrag angesehen wird!

Professor Zacharias hat in einer Sonderuntersuchung die Jahresprovisionen bei hauptberuflichen Networkern erfragt:

Über 100.000 € Jahreseinkommen	18 %
25.000,- – 100.000,- € Jahreseinkommen	35 %
10.000,- - 25.000,- € Jahreseinkommen	13 %
Unter 10.000,- € Jahreseinkommen	34 %

Die letztgenannte Gruppe ist überwiegend weniger als ein Jahr im Network-Marketing tätig. Mehr als die Hälfte aller Networker verdienen mehr als 25.000 EURO jährlich und acht Prozent gehören zu den absoluten Spitzenverdienern mit mehr als 250.000 EURO im Jahr. Diese Zahlen liegen erheblich über den allgemeinen Durchschnittseinkommen. Bedenkt man, dass nur 20 Prozent aller

Networker ein Studium abgeschlossen haben, so ergibt sich ganz klar, dass Network-Marketing für viele Menschen eine Chance bietet, deutlich mehr zu verdienen, als sie mit anderen Tätigkeiten verdienen können.

Aber auch im Network-Marketing wird niemandem ein leistungsloses Einkommen geschenkt. Auch im Network-Marketing muss man hohe Einkommen redlich erarbeiten. Man hat aber die Chance durch geschickte Nutzung der Möglichkeiten eines guten Vergütungsplanes neben seinem eigenen aktiven Einkommen noch ein nachhaltiges, wachsendes passives Einkommen aufzubauen. Mit diesem kann man zum Unterschied von allen anderen selbständigen Tätigkeiten auch dann Einkommen erzielen, wenn man selbst durch Krankheit ausfällt oder im Urlaub ist – Zeiten, in denen der Selbständige normalerweise nichts verdient.

Gelegentlich hört man von Networkern die fragwürdige Behauptung, im MLM gebe es für jeden, der sich engagiert, fantastische Einkommen, ohne dafür arbeiten zu müssen. Diese Aussagen sind genau so unseriös wie die Behauptungen ihrer Gegner, im Network-Marketing verdiene man nichts, man könne nur Geld verlieren. Richtig ist vielmehr, dass Network-Marketing tatsächlich sehr gute Chancen eröffnen kann. Diese aber müssen in der richtigen Weise genutzt werden. Die Chancen sind auch nicht bei allen MLM-Firmen gleich gut, es gibt erhebliche Unterschiede, da auch die Vergütungspläne, die Produkt-Portfolios und die Firmenphilosophien sehr unterschiedlich sind.

Die sehr hohen Einkommen einiger Networker sind aber auch nicht höher als die Einkommen von absoluten Spitzenkräften in anderen Bereichen der Wirtschaft, sie sind auch nicht häufiger. Die Voraussetzungen, diese Einkommenskategorie jeweils zu erreichen sind aber im Network-Marketing viel weniger formalistisch als in den etablierten und oft altehrwürdigen Industriezweigen.

Jedem Neueinsteiger ist anzuraten, den Sponsor oder eine Upline-Führungskraft um Offenlegung der monatlichen Einkünfte zu bitten. Wer seriös mit dieser Frage umgeht und keine Mondverdienste behauptet, wird dieser Bitte nachkommen.

4.9 Kritik Nr. 8: Ist das nicht eine Sekte?

Wenn alle „Argumente" gegen das Network-Marketing nicht verfangen können, wird gelegentlich eine bekannte „Killerkeule" geschwungen: Die betreffende Firma oder ein hervorgehobener Repräsentant wird mit einer Sekte in Verbindung gebracht. Dabei kann man sich fast nie auf eine authentische Äußerung des Betroffenen stützen, weil dieser sich nie öffentlich zu einer Sekte oder ähnlichen Organisation bekannt hat. Ein Hinweis auf diesen Umstand wird mit der Bemerkung abgetan, es handele sich um eine „Geheimsekte", die ihren Mitgliedern öffentliche Bekenntnisse verbiete. Sollte ein Networker berichten, er habe bei Schulungsveranstaltungen keinerlei Beobachtungen gemacht, die eine solche Vermutung rechtfertigen könnten, so unterstellt man ihm, er sei einer „Gehirnwäsche" unterzogen worden.

Tatsächlich ist kein Fall bekannt, dass eine in Deutschland etablierte Network-Marketing Firma mit einer Sekte in Verbindung steht oder einer solchen zugeordnet werden könnte. Einzelne Networker können allerdings spirituellen Gemeinschaften angehören, die üblicherweise als Sekten bezeichnet werden. Das unterscheidet Network-Marketing nicht von anderen Unternehmensformen. In diesem Zusammenhang darf auf das Grundgesetzt der Bundesrepublik Deutschland hingewiesen werden, das bestimmt:

> *(1)„Die Freiheit des Glaubens, des Gewissens und die Freiheit des religiösen und weltanschaulichen Bekenntnisses sind unverletzlich*"[21]

Viele Network-Marketing Unternehmen betonen ausdrücklich, dass bei ihnen jeder Mensch ohne Ansehen seiner Hautfarbe, Ausbildung, religiösen oder politischen Überzeugung willkommen ist, wenn er sich im Network-Marketing engagieren möchte. Jeder bekommt dabei die gleiche Chance.

Angesichts dieser von den meisten Unternehmen praktizierten Toleranz ist der Vorwurf des Sektierertums inhaltlich und praktisch unhaltbar. Sollte er im Einzelfall einmal auf einen Repräsentanten eines Unternehmens zutreffen, so ist eine Verallgemeinerung und ein daraus folgender Generalverdacht gegen alle Network-Marketing Unternehmen unzulässig.

5. Das „Empfehlungsmarketing“

5.1 Einfaches Empfehlungsmarketing: Prämienwerbung

Die einfachste Ausprägung hat das Empfehlungsmarketing in den einstufigen Prämiensystemen beispielsweise der Zeitungs- und Zeitschriftenverlage sowie bei Versicherungen gefunden. Es ist auch die älteste Form dieses Marketinginstrumentes. Unter dem Motto „Leser werben Leser“ oder „Freunde werben Freunde“ wird aufgefordert, Adressen von Bekannten anzugeben. Wenn aus diesen Adressen Abonnenten oder neue Kunden entstehen, so bekommt man nach Eingang der ersten Zahlung die ausgelobte Prämie. Damit ist die Sache dann erledigt. Für Folgeaufträge oder die von dem Empfohlenen seinerseits weitergegebenen Adressen erhält man nichts mehr. Dieses Prämienmarketing ist heute in vielen Branchen üblich und ein allseits akzeptiertes Marketinginstrument. Nur sehr selten kann es vorkommen, dass ein „Prämienjäger“ zahlreiche Adressen meldet, obwohl er selbst nicht ganz an die Qualität seiner Empfehlung glaubt. Er gibt dann unehrliche Empfehlungen, was durch anonyme Nennung der Adressen möglicher Interessenten erleichtert wird. Ein echtes Empfehlungsmarketing liegt aber in diesem Fall nicht vor, sondern schnöde Prämienjägerei.

5.2 Empfehlungsmarketing als professionelles Instrument

In den letzten Jahren sind mehrere Praktikerbücher über das Empfehlungsmarketing erschienen. Neben dem schon erwähnten Buch von Kerstin Friedrich sind zu nennen die Autoren Klaus-J. Fink[22] und Manfred Sauer[23]. Fink und Sauer beschreiben mit unterschiedlichem Blickwinkel die Nützlichkeit von Empfehlungen für die Ausweitung des Vertriebs und richten sich überwiegend an Unternehmen, denen sie aufzeigen, wie Empfehlungen für eine Verbesserung der Marktposition genutzt werden können. Nur Sauer weist (S. 91ff) kurz auf die Tatsache hin, dass auch im MLM Empfehlungen weitergegeben werden können. Fink unterscheidet zwischen aktiver und passiver Empfehlung. Im ersten Fall wird der Verkäufer aktiv und animiert den Kunden, Empfehlungen zu geben, etwa dadurch, dass er um eine Referenz bittet. Bei der passiven Empfehlung ist der Kunde so begeistert, dass er aus eigenem Antrieb das Produkt in seinem Freundeskreis empfiehlt, um seinen Freunden etwas Gutes zu tun.

Kerstin Friedrich[24] fordert als wichtigste Voraussetzung für das Empfehlungsmarketing eigene Spitzenleistungen. Empfohlen wird man, wenn man etwas hat, das äußerst selten oder absolut innovativ ist, das dringend benötigt wird, aber knapp ist, wenn das Produkt die Sensations- oder Tratschgier befriedigt. Schließlich rät sie, mit den Empfehlungsgebern ein Netzwerk aufzubauen. Alle drei Autoren sprechen im wesentlichen Unternehmer an, die sich im herkömmlichen Marketing bewegen und die Empfehlung als zusätzlichen „Türöffner" nutzen. Es wird ausführlich dargelegt, wie man Kunden als Empfehlungsgeber gewinnen kann und welche Schwierigkeiten dabei überwunden werden müssen. Auch wird beschrieben, welche Voraussetzungen das Unternehmen erfüllen muss, damit überhaupt die Empfehlungsfrage angeschnitten werden kann, aber es wird kein System angeboten, nach dem das Unternehmen sich beim Kunden nachhaltig bedanken kann. Fink erwähnt zwar einen Empfehlungsstammbaum, aber nicht, in welcher Weise der Kunde finanziellen Nutzen aus der Empfehlung ziehen kann, schon gar nicht aus der Verästelung dieses Stammbaumes, der nichts anderes ist als die Abbildung einer Multi-Level-Struktur in anderer Form.

Sie behandeln die Empfehlung als ein Detail im Marketing, nicht als einen Weg, um ein völlig neues Marketingmodell für einen neuen Vertriebsweg zu nutzen. Wie dies geschieht, wird von Gabi Steiner geschildert.

5.3 Empfehlungsmarketing als Vertriebsweg

Gabi Steiner beschreibt in ihrem Buch „Von Mensch zu Mensch"[25] den Aufbau eines Konsumentennetzwerkes für den Vertrieb von Produkten eines Unternehmens, das über keine eigene Vertriebsorganisation verfügt und sich auch nicht der etablierten Handelswege bedienen will. Das Unternehmen stellt seit Jahrzehnten pflanzliche Nahrungsergänzungsmittel und Körperpflegeprodukte höchster Qualität her. Diese werden ausnahmslos im Direktvertrieb vom Hersteller direkt an den Endverbraucher verkauft. Dem Unternehmen ist es gelungen, seine Kunden durch ein ausgeklügeltes, sehr faires und transparentes Vergütungssystem, das sich grundlegend von den meisten Network-Marketing-Unternehmen unterscheidet, anzuregen, immer neue Empfehlungen auszusprechen. Auf Grund der hervorragenden Qualität der Produkte machen die Kunden dies gern. Schon mit wenigen Empfehlungen und einigen daraus folgenden Empfehlungen entlang des Empfehlungsstammbaums ist der Kunde „refinanziert" in dem Sinn, dass die Bonuszahlungen seitens der Firma den Eigenbedarf decken und bald darüber hinaus ein passives Einkommen ermöglichen. Steiner schildert im Wesentlichen, was sie als Kundin und Netzwerkspartnerin in diesem Konsumenten-Netzwerk macht, um es weiter auszubauen.

5.4 Die Praxis des Empfehlungsmarketings als Konsumenten-Netzwerk

Das reine Empfehlungsmarketing ist durch folgende Besonderheiten gekennzeichnet, die es wesentlich von im Network-Marketing üblichen Praktiken unterscheiden:

1. Anstelle des aktiven Verkaufens steht nur die Empfehlung.
2. Die Produkte können nur durch Kundenempfehlung erstmalig bezogen werden.
3. Der Warenverkehr erfolgt ausschließlich vom Hersteller zum Endkunden.
4. Die Bezahlung erfolgt nur direkt vom Endkunden an den Hersteller.
5. Der Hersteller betreibt keinerlei Endkundenwerbung.
6. Alle Informationen werden nur vom Kunden an neue Kunden weitergegeben.
7. Da jeder Kunde Direktkunde beim Hersteller ist, wird jeder Kunde unmittelbar vom Hersteller über Neuheiten, Produkte, Preise etc. informiert.
8. Jeder Kunde kann Vertriebspartner werden, d.h. seinerseits neue Kunden ausschließlich durch Empfehlung gewinnen.
9. Es besteht keine Verpflichtung, Empfehlungen zu geben.
10. Alle Kunden verpflichten sich, nur nach den Richtlinien des Herstellers Empfehlungen weiter zugeben. Dabei sind alle Rechtsvorschriften strikt einzuhalten.
11. Der Kunde leistet absolut keine Investition.
12. Keine Vorfinanzierung (Warenbestand, etc)
13. Kein Eintrittsgeld (Lizenz, Startergebühr, Starterkit, etc)
14. Ein weltweit gültiges, transparentes Vergütungssystem.

Betriebswirtschaftlich bedeutet dieses Modell, dass der Hersteller sich ausschließlich auf seine unternehmerischen Kernkompetenzen konzentrieren kann: Marketing, Produktentwicklung, Qualitätssicherung und Auswahl des optimalen Produktionsverfahrens. Er ist nicht mit dem Aufbau und der Führung einer eigenen Verkaufsorganisation belastet. Diese Konzentration der Kräfte auf wesentliche Hersteller-Funktionen gestattet Höchstleistungen, birgt aber die Gefahr, keinen Markt zu haben, weil der Absatz nicht organisiert ist.

Dieser organisiert sich vielmehr selbst dank der Sogkraft der Produkte, die bei reinem Empfehlungsmarketing, das ohne die üblichen Vertriebsunterstützungsmethoden auskommen will, von absoluter Spitzenqualität sein müssen.[26] Solange die Produkte das halten, was der Kunde davon erwartet, und diese Erwartungen sogar nachhaltig übertreffen, ist der Kunde gewillt, die Produkte weiter zu nutzen. Wenn der Kunde mehrere Empfehlungen gegeben hat, wächst bei ihm das durch diese Empfehlungen und daraus folgenden Weiterempfehlungen induzierte Einkommen. Der Einzelne bestimmt somit den Umfang seines Empfehlungsgeschäftes und die Geschwindigkeit des Wachsens. Er wird zwar von seinem Empfehlungsgeber (Sponsor) eingeladen, aktive Empfehlungen zu geben, aber er hat selbst die volle Entscheidungsfreiheit, es zu tun oder es zu lassen. In vielen Fällen entscheiden sich die Kunden erst nach längerer Zeit, als Empfehlungsgeber tätig zu werden und sind dann auch innerlich bereit, einen Bonus dafür zu erhalten. So kann langsam ein stabiles, nachhaltiges Nebeneinkommen wachsen, dessen Umfang sich nach der Konstruktion des Vergütungsplanes richtet.

Dieses Vertriebsmodell funktioniert ausschließlich bei hochwertigen Premium-Produkten. Bei diesen bleiben in den klassischen Vertriebswegen den Herstellern oft nur zehn bis zwanzig Prozent des Verkaufspreises an Endkunden als Erlös. Die restlichen 80 bis 90 Prozent verschlingen Vertriebsweg und Werbung. Zumindest aufwendige Werbebroschüren und schöne aber eigentlich nichtssagende TV-Spots sind den Kunden mehr Ärgernis als Hilfe. Im Empfehlungsmarketing wird das Produkt gewissermaßen undercover bekannt gemacht. Es erscheint gar nicht in der Öffentlichkeit, sondern verbreitet sich unbemerkt und ohne Werbegeschrei. Da dieses Verhalten der Ausbreitung eines Virus ähnlich ist, wurde in USA der Begriff „Viral Marketing“ geprägt, den Langer[27] insbesondere unter Berücksichtigung von Internet und neuen Medien ausführlich dargestellt hat. Dieser Begriff ist nicht völlig deckungsgleich mit dem Begriff „Empfehlungsmarketing", das von US-Network-Firmen als „Referal Marketing" bezeichnet und deutlich vom Direktverkauf (*direct sales*) unterschieden wird.[28]

5.5 Unterschiede zwischen Empfehlungsmarketing und den klassischen Vertriebswegen

Diese Grafik verdeutlicht die Unterschiede der Vertriebswege:

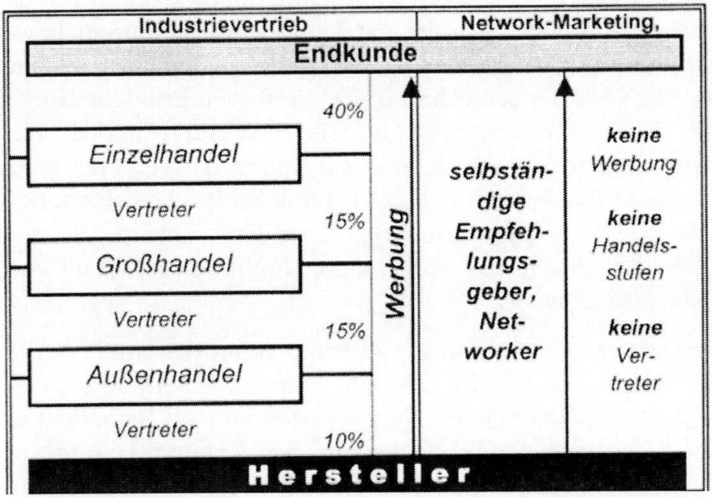

Abb. 6 Gegenüberstellung Industrievertrieb – Network-Marketing

Während bei einem international tätigen Unternehmen im mehrstufigen klassischen Vertrieb bis zu 80 Prozent des Verkaufserlöses in den verschiedenen Stufen des Vertriebsweges verbraucht werden, geben Unternehmen, die im reinen Empfehlungsmarketing arbeiten, in der Regel etwa 60 Prozent für die Vergütung der Empfehlungsgeber aus. Darüber hinausgehende Vertriebskosten fallen (außer den reinen Versandkosten) nicht an. Weder Infrastrukturkosten für die verschiedenen Handelsstufen (Mieten, Lager, Betriebseinrichtungen, EDV, Telekommunikation) noch Personal und Personalnebenkosten, Messebeteiligungen oder Werbungskosten (Anzeigen, Broschüren, TV- oder Radio-Spots, Bandenwerbung, Sponsoring, Productplacement, usw.) fallen an. All diese Kostenarten, die weder die Qualität noch den Service verbessern, entfallen im reinen Empfehlungsmarketing. Der Anteil am Verkaufserlös, der letztlich im Unternehmen verbleibt, dient dazu, die Produktion zu bezahlen (Rohstoffe, Personal, Betriebseinrichtungen, Verwaltung) und finanziert die gerade für Hersteller von Premium-Produkten so wichtigen Aufwendungen für Forschung und Produktentwicklung.

In den USA werden Unternehmen seit über hundert Jahren „geratet“, das heißt, ihre Finanzzahlen werden in einem standardisierten Verfahren bewertet, um die Zukunftsfähigkeit zu beurteilen. Dabei werden auch das Managementsystem, die Innovationskraft und andere qualitativen Faktoren der Unternehmensführung bewertet. Die beste Note ist bei der führenden Ratingagentur Standard & Poors „AAA“, die schlechteste „D“. Seit wenigen Jahren ist auch in der EU das Finanzrating vorgeschrieben und neben den Banken werden diese Ratings auch von unabhängigen Agenturen durchgeführt. Diese lehnen sich teilweise an die S&P-Klassifikationen mit Buchstaben an während die Banken meist eine den Schulnoten ähnliche Klassifizierung vornehmen, nämlich „100“ (sehr gut) bis „600“ (fast insolvent).

Nach Bankenregeln gilt ein Unternehmen mit der Note „AAA“ bis „BBB+“ /analog 100 bis 225 als „investment grade“, das heißt Wertpapiere solcher Unternehmen dürfen von auf Sicherheit orientierten Investoren angekauft werden. Bei Unternehmen mit einem solchen Rating kann man eine finanziell relativ sichere Zukunft erwarten. Hier kann sich auch ein Networker, der langfristig etwas aufbauen möchte, engagieren, denn das Unternehmen kann als „sicher“ beurteilt werden. Daher sollte man vor dem Einstieg in ein MLM-System auch einmal nach dem „Rating“ fragen.

Viele Unternehmen mit Empfehlungsmarketing oder Network-Marketing sind finanziell sehr gut ausgestattet .Dies führt in der Regel zu überdurchschnittlich guten Ratingnotationen. Gute Noten werden gerne kommuniziert, also sollte man von einem möglichen Network-Partner auch das Rating abfragen. Viele Unternehmen mit Empfehlungsmarketing oder Network-Marketing sind finanziell sehr gut ausgestattet .Dies führt in der Regel zu überdurchschnittlich guten Ratingnotationen.

6. Vergütungsformen im Network-Marketing

6.1 Vertriebskosten im alternativen Vertrieb

Alle im Kapitel 3 aufgeführten alternativen Vertriebsformen sind dadurch gekennzeichnet, dass zwischen Hersteller und Endkunden keine fremden Firmen als Absatzmittler eingeschaltet sind. Alle Direktvertriebssysteme sind nach der Definition von Kotler[29] „Null-Stufenkanäle". Wir haben gesehen, dass gerade die Vertriebskosten, das heißt die Kosten für die ein-, zwei oder dreistufigen Vertriebswege bis zu 80 Prozent des Verkaufserlöses verschlingen können. Wie sieht das im Direktvertrieb aus, wenn keine Niederlassungen, Großhandelshäuser, Warenhäuser, Einzelhandelsketten, Verkaufstempel jeder Art und Größe sowie keine flächendeckende Werbung finanziert werden müssen? Können dann die Waren nicht zu sehr niedrigen Preisen angeboten werden? Ist dies der Fall oder sprechen gravierende Gesichtspunkte dagegen? Wenn die Preise der Waren im Direktvertrieb nicht wesentlich niedriger sind, wer steckt dann die „gesparten Kosten" ein? Auf diese Fragen soll im Folgenden eine Antwort gegeben werden.

6.1.1 Welche Kosten entfallen – Welche fallen an?

Wenn eine Vertriebsstufe entfällt, dann entfallen auch die dort angefallenen Kosten. Konkret heißt dies: Ohne Großhandelsstufe fallen auch keine Kosten an, die der Großhandel hatte: Lagerhaus, Musterraum, Büro und Verwaltung, Zinsen für die Investitions- oder Warenkredite, Transporte, Personalkosten und Personalnebenkosten. Wenn keine Großhändler eingeschaltet werden, müssen auch keine Großhändler besucht und beworben werden. Beim Hersteller fallen die Kosten für den Großhandels-Außendienst nicht an, ebenso nicht die speziellen Werbekosten für diese Vertriebsstufe. Es werden also erhebliche Kosten eingespart, die bisher zur Alimentierung anderer Unternehmen eingesetzt wurden.

Allerdings fallen auch die Leistungen fort, die der Großhandel bisher erbracht hatte. Großhändler bündeln die Nachfrage der kleinen Händler und Einzelhändler aus ihrer Region und geben eine zusammengefasste Bestellung an den Hersteller. Diese Funktion ist sehr wichtig, sie kann daher nur unter bestimmten Umständen entfallen, ohne dass der Einzelhandel oder der Hersteller davon Schaden nähme. Dies soll hier jedoch nicht im Detail dargestellt werden, sondern es genügt festzuhalten, dass bei Wegfall des Großhandels nicht alle durch ihn angefallenen Kosten wegfallen können, sondern dass für die Übernahme von Teilfunktionen beim Hersteller eine Steigerung der Vertriebskosten zu erwarten ist. Genaue Aussagen können nur im Einzelfall nach entsprechenden Analysen der betriebswirtschaftlichen Verhältnisse gemacht werden.

Ohne Einzelhandelsstufe fallen auch keine Kosten an, die der Einzelhandel hatte: Ausstellungsräume, Verkaufsräume, Ladeneinrichtungen, Lager für kleinere Vorräte, Personalkosten und Personalnebenkosten, Endverbraucherwerbung usw. Beim Hersteller entfallen die Kosten für den Außendienst, der den Einzelhandel besuchte, für Händlerkataloge, Händlerwerbung, Messen und Verkaufsschulungen im Handel. So können erhebliche Kosten eingespart werden, die bisher für den Hersteller-Außendienst oder zur Alimentierung der Handelsstufen über die jeweiligen Rabatte aufgebracht wurden.

Wenn ein Hersteller weder Groß- noch Einzelhändler oder weitere Zwischenhandelsstufen einsetzt, wie kommt es dann zum Kontakt und zum Geschäft zwischen Hersteller und Endkunden (Verbrauchern), wenn keine Zwischeninstanz vorhanden ist? In Kapitel 3 wurden die Formen des Direktvertriebs kurz vorgestellt. Rufen wir uns in Erinnerung, welche Kosten dort jeweils anfallen.

Für den Biobauern zum Beispiel ist die Sache einfach: Er macht sich mit einfachen Werbemitteln bekannt, verkauft direkt auf den Wochenmärkten am Standort und in den Nachbargemeinden und kann so meist seine ganze Produktion direkt an den Verbraucher vermarkten. Für örtliche Handwerksbetriebe sieht die Situation ähnlich aus.

Viele Industrieunternehmen der konsumnahen Branchen (Nahrungsmittel, Textil, Bekleidung, Schuhe, Möbel, Kleinwaren jeder Art) beschreiten deshalb schon seit Jahrzehnten einen einfachen Weg, den zwar der Handel sehr misstrauisch beobachtet, den er aber meist nicht verhindern kann: Sie verkaufen direkt ab Werk oder in eigenen Verkaufsfilialen all die Waren, die einen kleinen Schaden haben (sogenannte 2. Wahl), Überschussbestände ausgelaufener Modelle, Musterstücke und ähnliches zu Preisen, die meist zwischen 25 und 50 Prozent unter den normalen Ladenverkaufspreisen liegen. Auf diesem Weg lassen sich aber die Mengen der gesamten Produktion nicht absetzen. Er ist nur für einen kleinen Teil der Produktionsmenge gangbar und wird auch nur in diesem Rahmen vom Handel geduldet. Würde ein Hersteller seine ganze Produktion auf diesem Wege verkaufen wollen, dann müsste er praktisch selbst Einzelhändler werden mit der Folge, dass in seiner Einhandelsstufe die gleichen (oder sogar höhere) Kosten anfallen würden als in der bisherigen Einzelhandelsstufe. Weder für den Hersteller noch für den Verbraucher würde ein Vorteil erkennbar sein. Daher findet man immer weniger (in der Regel kleinere) Hersteller, die ihr gesamtes Produktionsvolumen über eine eigene Einzelhandelsstufe verkaufen.

An diesem Punkt muss die große Vertriebsinnovation des zwanzigsten Jahrhunderts in die Betrachtung aufgenommen werden: Der „Strukturvertrieb", das Multi-Level-Marketing (MLM), Network-Marketing oder Empfehlungsmarketing heutiger Ausprägung. Diese Begriffe werden in der Praxis teilweise synonym gebraucht, sie sind schwer voneinander zu trennen. Die begrifflichen Definitionen wurden in Kapitel 3 gegeben. Wie ist die Kostensituation im Network-Marketing?

6.1.2 Der Vergleich zwischen Network-Marketing und klassischem Vertrieb

Hersteller, die sich für die Vertriebsform Network-Marketing entscheiden, verzichten auf die Zusammenarbeit mit anderen Vertriebsstufen. Sie unterhalten auch keine eigenen Verkaufsniederlassungen oder Vertreterorganisation, wie etablierte Direktvertriebsunternehmen. Ebenso verzichten sie auf die klassischen Handelsvertreter, die den Einzelhandel, nicht den Endverbraucher, besuchen. Network-Marketing-Unternehmen haben einen genialen Weg gefunden: Sie setzen für Verkaufsaufgaben ihre Kunden ein. Damit wurde tatsächlich ein völlig neuer Weg beschritten. Üblicherweise müssen Verkäufer eine gute Fachausbildung erhalten, bevor sie Kunden besuchen und das Unternehmen als Verkäufer repräsentieren können. Diese Ausbildung umfasst Produktkenntnisse ebenso wie reine Verkaufsschulung, das heißt Verhaltensschulung für Benehmen, Auftreten, Argumentation und alle Stil- und Formfragen.

Partner im Network-Marketing erhalten diese Schulungen nicht und brauchen sie auch nicht. Sie sollen nicht als Fachvertreter des Unternehmens auftreten. Sie sollen die künftigen Kunden auch nicht mit Verkaufstaktiken und Verkäufertricks so lange bearbeiten, bis diese schließlich einen Auftrag unterschreiben. Zu diesen Vorgehensweisen haben die Vertriebspartner im Network-Marketing zum ersten keine Zeit, zum anderen wollen sie das auch gar nicht. Dennoch ist der Vertriebsweg sehr erfolgreich und wird von einigen Fachleuten als der Vertriebsweg mit dem größten Wachstumspotenzial angesehen. Worauf gründet diese Ansicht?

Grundvoraussetzung für ein Network-Marketing ist, dass das Produkt nicht einer umfangreichen, fachspezifischen Erklärung bedarf. Produkte im Network-Marketing decken in fast allen Fällen einfache Grundbedürfnisse ab und können vom Verbraucher in der Regel auch durch eigenen Versuch beurteilt werden. Wer einen Monat lang Vitaminpräparate schluckt und überhaupt keine Verbesserung seines Befindens feststellen kann, der ist entweder in guter gesundheitlicher Verfassung oder die Produkte taugen nicht viel, tragen zumindest nicht zu einer Verbesserung seiner Situation bei. Er schickt sie dann gegen Kaufpreiserstattung zurück, womit die Sache erledigt ist. Eine umfassende Beratung durch den Networker hat nicht stattgefunden, war nicht notwendig und durfte in diesem Fall auch gar nicht stattfinden, weil Laien aus rechtlichen Gründen keine Heilaussagen oder ähnliche Aussagen machen dürfen. Es genügt, wenn der Vertriebspartner eigene Produkterfahrungen hat und über diese ehrlich berichtet. Im Network-Marketing kommt es nicht darauf an, „Verkäufer-Latein“ zu verbreiten und zu behaupten, man habe die schönsten, besten, wirksamsten Produkte, wie dies aus der Werbung ja hinlänglich bekannt ist, sondern im Network-Marketing kann man nur dann wirklich nachhaltigen Erfolg haben, wenn man seine Gesprächspartner ehrlich informiert. Gerade unter Bekannten haben Lügen ganz kurze Beine. Vertriebspartner im NWM bedürfen daher keiner umfassenden Produktschulung. Sie sollen sich auch unter keinen Umständen so verhalten wie professionelle Werber oder Vertreter. Die meisten Menschen im Network-Marketing, vor allem im Empfehlungsmarketing wollen auf keinen Fall wie Haustürverkäufer arbeiten. Sie suchen vielmehr neben dem finanziellen Ergebnis auch eine persönliche Bestätigung sowie soziale Anerkennung und ein emotional positives Erlebnis.

Meistens arbeiten Networker zumindest am Anfang im „warmen Markt“, das heißt sie sprechen Menschen an, die sie bereits kennen. Alle Network-Marketing-Unternehmen, die nicht durch harte Verkaufsmethoden oder gar durch Einsatz von „Drückerkolonnen“ den Markt mehr verschrecken als bearbeiten, empfehlen ihren Vertriebspartnern diesen Weg nicht nur im reinen Empfehlungsmarketing, sondern auch für den sogenannten Partyverkauf, wie er von Vertriebsfirmen für hochwertige Kochgeschirre, Parfüms, Kosmetika, Fashion und Mode betrieben wird (z.B. „Tupperparty“). In dieser Zielgruppe würde jemand, der noch nie kaufmännisch gearbeitet hat und mit ganz anderen Kompetenzen und Fähigkeiten bekannt und anerkannt ist, doch sehr zweifelnd angeschaut, wenn er plötzlich als Verkaufsprofi auftreten wollte. Vermutlich würde er eher komisch wirken und der Erfolg bliebe aus. Gerade in diesem Beziehungskreis wirkt aber ein persönlicher Erfahrungsbericht, dem man anmerkt, dass er authentisch ist, sehr glaubwürdig, auch und gerade, wenn er nicht kaufmännisch-professionell abgespult wird.

Unternehmen, die sich für ein ehrliches Network-Marketing-Konzept entscheiden, setzen gerade auf diesen Effekt. Sie wollen nicht ein Geschäft institutionalisieren nach althergebrachten Formen und Riten, sondern sie setzen auf ein sich entwickelndes Konsumentennetzwerk, das auf der Basis „Mensch zu Mensch“ funktioniert und nur durch Mund-zu-Mund-Propaganda weitergetragen wird. Ein solches Geschäft kann sehr stabil werden, wenn alle Voraussetzungen stimmen, wenn vor allem die Erwartungen der neuen Kunden stetig übertroffen werden. Aber auch dieser Weg ist natürlich mit Kosten verbunden. Schon die einfachste Form des Empfehlungsmarketings ist nicht zum Nulltarif zu haben, denn auch die Prämien kosten Geld.

Im Empfehlungsmarketing, besonders wenn es als Network-Marketing eine Vergütung über mehrere Ebenen vorsieht, fallen Kosten an, die sich in der Regel zwischen 50 und 65 Prozent des Umsatzes bewegen und die ausschließlich aus Rabatten, Provisionszahlungen und Kosten für Incentives bestehen. Hier kommt nun eine bemerkenswerte Besonderheit zum Tragen: Alle Vertriebspartner sind gleichzeitig auch Kunden des Unternehmens. Wenn ein Unternehmen also eine Gesamtprovision von 60 Prozent bezahlt, dann erhält die Kundschaft insgesamt eine Kaufpreisrückerstattung von 60 Prozent. Daran sind die einzelnen Kunden in unterschiedlichem Ausmaß beteiligt. Ein Kunde, der vielen Menschen die Produkte empfohlen hat und der seine so gewonnenen Kunden wiederum kräftig unterstützt hat, das gleiche zu tun, erhält einen größeren Anteil als derjenige, der gar keine oder nur sehr wenige Empfehlungen ausgesprochen hat. Network-Marketing ist dadurch ausgesprochen leistungsorientiert in der Vergütung seiner Vertriebspartner. Durch diese Rückvergütung, die an die Kundschaft ausgeschüttet wird, sind die tatsächlichen Einkaufspreise für eben diese Kunden nach Gegenrechnung der Provisionseinnahmen deutlich niedriger als die Preise, die sie im etablierten Handel bezahlen müssten. Wenn die Rückvergütung höher ist als der eigene Konsum, so entsteht tatsächlich ein zusätzliches Einkommen und der Produktnutzen ist kostenfrei.

6.1.3 Grundlegende Überlegungen zu Vergütungsplänen im Network-Marketing

Im industriellen Vertrieb erhält der Verkäufer einen bestimmten Provisionssatz bezogen auf den vermittelten Umsatz. Abrechnungszeitraum ist in der Regel der Kalendermonat. Bei einem Provisionssatz von 4 Prozent und einem vermittelten Umsatz von 80.000,- EURO in einem Monat erhält der Verkäufer einen Provisionsbetrag von 3.200,- EURO ausbezahlt (alle Zahlen ohne Berücksichtigung einer eventuell bestehenden Umsatzsteuer). Im Network-Marketing sind die Vergütungsbräuche nur selten so einfach geregelt. In der Konsumgüterindustrie können die gesamten Vertriebskosten (nicht nur die Provisionen) je nach Vertriebssystem und der Anzahl der Vertriebsstufen zwischen 50 und 80 Prozent betragen, wie im Kapitel 2 dargelegt wurde. Im Network-Marketing fällt der überwiegende Teil dieser Vertriebskosten (Werbung, Groß- und Einzelhandelskosten, Infrastruktur und Lager) nicht an. An Stelle der Vertriebsstufen werden selbständige Repräsentanten (Distributoren, Vertriebspartner, Verkaufsberater) eingesetzt, die Provision und Boni erhalten. Für alle weiteren Überlegungen gehen wir modellhaft davon aus, dass 60 Prozent vom Umsatz als Provisionsvolumen für diese Organisation ausgeschüttet werden, während 40 Prozent beim Hersteller als Erlös verbleiben. Mit diesem Betrag werden neben der gesamten Produktion auch Qualitätssicherung, Forschung, Produktentwicklung und Gewinnausschüttung finanziert. Das Provisionsvolumen ist tatsächlich auch bei vielen Network-Marketing-Unternehmen geringer als die üblichen Vertriebskosten im mehrstufigen industriellen Vertrieb.

Alle Network-Marketing-Firmen regeln die Vergütung des **Außendienstes**, das heißt die Verteilung des Gesamt-Provisionsvolumens auf die verschiedenen Ebenen und die möglicherweise vorhandenen unterschiedlichen Einkommensarten im sogenannten „Vergütungsplan". Gebräuchlich ist oft die nicht ganz korrekte Bezeichnung „Marketingplan". In der Betriebswirtschaftslehre werden in der Marketingplanung seit je nicht nur Vergütungen, sondern Ziele, Strategien und Maßnahmen für eine Planperiode festgelegt und in regelmäßigen Abständen durch einen Soll-Ist-Vergleich überprüft. Dabei werden auch Vergütungselemente planerisch erfasst, aber das Vergütungssystem als solches ist nicht Bestandteil der Marketingplanung:

> *„Die Aufgabe der Marketingplanung ist es, in der Gegenwart Ziele, Strategien und Maßnahmen zu entwickeln, die erst in der Zukunft wirksam werden. Die Unternehmenspolitik muss dabei sich verändernden Umweltbedingungen so angepasst werden, dass die für die Zukunft gesetzten Unternehmensziele erreicht werden können."*[30]

Kotler bezieht in den Begriff der Marketingplanung neben der Planung des gesamten Marketing-Mix sogar die Produktplanung mit ein.[31] Pelz fasst den Begriff noch enger:

> *„Ein professioneller Marketingplan besteht aus den Komponenten: Analyse, Zielsetzung, Strategie, Maßnahmen und Erfolgskontrolle."*[32]

Dies ist wesentlich umfassender als die Vergütungspläne im Network-Marketing. Die häufig anzutreffende Bezeichnung „Marketingplan" als Synonym für den „Vergütungs-" oder „Karriereplan" ist daher begrifflich falsch und wird deshalb in diesem Buch nicht verwandt, hier wird ausschließlich der betriebswirtschaftlich korrekte Begriff „Vergütungsplan" (engl. *compensation plan*) benutzt.

Über Network-Marketing gibt es eine umfangreiche Literatur. Die meisten Bücher sind von erfolgreichen Networker geschrieben worden und befassen sich überwiegend mit den Themen rund um das Finden neuer Partner, ihre Motivation und Ausbildung sowie den Aufbau der Organisation. Mit den Vergütungsplänen und ihren Nebenregelungen haben sich nur wenige Autoren befasst. Die Materie ist nicht unkompliziert und manche Firmen scheinen sie bewusst zu verkomplizieren, damit Neueinsteiger möglicherweise versteckte Tricks nicht allzu schnell durchschauen. In diesem Abschnitt werden die häufigsten und wichtigsten Vergütungsformen im Network-Marketing vorgestellt.

Die erste Grundentscheidung in einem Vergütungsplan ist, ob ein Handelsrabatt gewährt werden soll oder nicht. Handelsrabatt bedeutet, dass der direkte Vertriebspartner für seinen eigenen Bedarf einen Rabatt erhält. Den gleichen Rabatt erhält er für die Umsätze, die er mit seinen direkt geworbenen Kunden erzielt (Firstlinern), die nur die Produkte kaufen, aber nicht die Geschäftsmöglichkeit für sich selbst nutzen wollen. Einige Unternehmen staffeln den Handelsrabatt noch nach dem Volumen der ersten Bestellung. Dies kann dazu verleiten, beim Start einen hohen Wareneinkauf zu tätigen, den man in den nächsten Monaten nicht verkaufen kann. Man nennt dies im Network-Jargon „Front-Loading“, die Garage (oder den Keller) füllen.

Dies ist ein wesentlicher Punkt für massive Kritik am Network-Marketing allgemein, obwohl diese Praxis nur bei wenigen Firmen üblich und möglich ist. Einige Firmen verbieten ihren Partnern sogar den Lageraufbau oder machen ihn dadurch uninteressant, dass sie überhaupt keine Rabatte für den Eigeneinkauf gewähren. Für Handelsspanne, Provision (Basis-Bonus) und die verschiedenen Führungsboni ist insgesamt ein Plafond von 60 Prozent vorgesehen. Die Höhe der Handelsspanne schmälert diesen Plafond, so dass die jeweils ausgezahlten Boni im Prozentsatz kleiner werden müssen. Die Handelsspanne ist nur zu realisieren, wenn der Networker tatsächlich als Kleinhändler tätig wird und aktiv verkauft. Vollblutverkäufer können damit relativ schnell Geld verdienen. Wer kein Verkäufertyp ist und die Produkte nur empfehlen möchte, hat mit der Handelsspanne kein optimales System.

Diese unterschiedlichen Gestaltungsmöglichkeiten geben dem Unternehmen Werkzeuge zur Steuerung der Vertriebsaktivitäten und auch der tatsächlichen auszuzahlenden Provisionslast

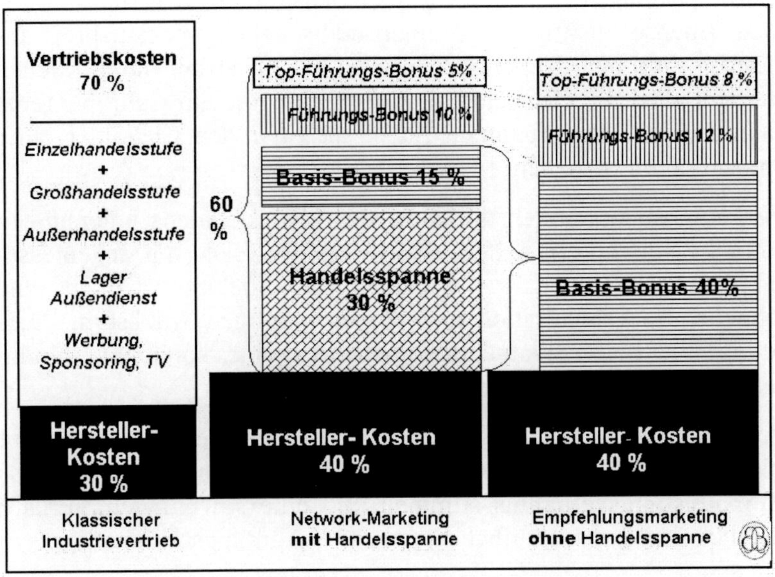

Abb. 7 Unterschiede zwischen Network-Marketing mit Handelsspanne und reinem Empfehlungsmarketing ohne Handelsspanne.

Der Vergütungsplan im MLM regelt die Höhe des Rabattes sowie die Verteilung des gesamten Provisionsvolumens auf die einzelnen provisionsberechtigten Stufen (Ebenen, Levels). Daneben regelt er aber auch, wer überhaupt provisionsberechtigt ist und was geschieht, wenn ein Partner wegen Inaktivität ausfällt oder völlig (z.B. durch Kündigung oder Tod) aus dem System ausscheidet. Zusätzliche Nebenbedingungen können die Provisionsregelung sehr unübersichtlich machen. In einem späteren Abschnitt werden diese Regelungen detaillierter dargestellt. Wenn also ein Handelsrabatt von 20 Prozent eingeräumt wird, dann stehen für das Provisionssystem nur noch 40 Prozent zur Verfügung, wenn insgesamt 60 Prozent ausgeschüttet werden. Die Handelsspanne ist der normale Verdienst des Einzelhändlers. In einem System mit Handelsspanne nimmt der Network-Partner die Position eines selbständigen Kleinhändlers ein.

Hohe Rabattstufen sind ein gut geeignetes und im Marketing weithin verwendetes Instrument, um Händler zu motivieren. Auch im MLM werden Spannen von 25 – 33 Prozent als gutes Motivationsinstrument angesehen und von den meisten MLM-Firmen eingesetzt. Ebenso wichtig ist es, einen realistischen Verkaufspreis anzusetzen, um eine Verkaufschance zu haben. Dabei muss gesehen werden, dass in Deutschland Preisbindungen nur sehr begrenzt zulässig sind, die genannten Preise also nur den Charakter einer Preisempfehlung haben.

Vergütungspläne sollen die Ziele des Unternehmens unterstützen und den Networkern helfen, ihre jeweiligen Ziele mit angemessener Kraftanstrengung zu erreichen. Unternehmen wollen eine schnelle Marktpenetration und ein nachhaltiges Wachstum. Dies gelingt über den Aufbau und die Erhaltung eines solventen, ständig kaufenden Kundenstammes.

Networker wollen schon kurz nach dem Start erleben, dass sie mit ihrem Unternehmen Einkommen erzielen können. Dazu muss das Preis-Leistungsverhältnis stimmen und eine sowohl den Verkauf als auch den Strukturaufbau fördernde Vergütungsarithmetik gegeben sein.

6.2 Formen der Vergütungspläne im Network-Marketing

Folgende Vergütungsplantypen werden unterschieden:[33]

- Stairstep-Breakaway-Plan (Stufen-Plan oder Differenzbonus-Plan)
- Unilevel-Plan
- Matrix-Plan
- Binär-Plan, (Dualer Plan)
- Hybrid-Plan

Pläne mit Breitenbegrenzung sind der Matrixplan, der Binär- und der duale Vergütungsplan. Pläne ohne Breitebegrenzung sind: Stufenpläne und Unilevelpläne. Sie folgen dem Schema:

Abb. 8 Die „Firstline" in Unilevel-Plänen ist unbegrenzt zu erweitern

Es können beliebig viele Vertriebspartner von einem Partner direkt und persönlich gesponsert werden. Die Vertriebspartner bauen ihrerseits eine Downline auf oder sind reine Produktkunden. Die daraus resultierenden Einkommenschancen sind theoretisch unbegrenzt.

Die Wirkung der Tiefenbegrenzung soll eine Tabelle vor Augen führen. Dabei wird nur zur Verdeutlichung und zur einfachen theoretischen Berechnung von einer Verdoppelung von Ebene zu Ebene ausgegangen (2er-Multiplikation). Wenn man empirisch die bestehenden Strukturen analysiert, findet man nur selten ein so rasches Wachstum über eine ganze Struktur in große Tiefe.

Die Vergütungen werden oft auf drei, sechs, sieben, zehn, oder auch zwölf Ebenen begrenzt. Das verfügbare Provisionsvolumen wird auf diese Ebenen verteilt.

Dabei kann eine lineare Verteilung (z.B. je zehn Prozent der Provisionssumme auf zehn Ebenen) oder eine gewichtete Verteilung vorgenommen werden. Die Gewichtungsfaktoren können auf den ersten Ebenen (*engl. front-end*) oder auf den letzten Ebenen (*engl. back-end*) besonders hoch gewichtet sein. Man spricht dann von „kopflastigen" oder „basislastigen" Vergütungsplänen. Für die Beispieltabelle wird ein Gesamtprovisionsvolumen von 60 Prozent minus 30 Prozent Handelsspanne unterstellt.

Ebene	Zahl der Partner	Kumuliert	Linear	Kopf-lastig	Basis-lastig
1	2	2	3	15	1
2	4	6	3	5	1
3	8	14	3	2	1
4	16	30	3	2	1
5	32	62	3	1	1
6	64	126	3	1	1
7	128	254	3	1	2
8	256	510	3	1	2
9	512	1022	3	1	5
10	1024	2046	3	1	15
11	2048	4094			
12	4096	8190			

Es sind also 30 Prozent zur Ausschüttung verfügbar. Bei zehn Ebenen ergeben sich bei nur zwei Partnern auf der ersten Ebene folgende Zahlen.Bei einem durchschnittlichen Monatsumsatz von 100,- EURO beläuft sich das Provisionsvolumen bei linearer Verteilung auf 6.078,- EURO bei der kopflastigen Gewichtung auf 2.114,- EURO und bei der basislastigen Gewichtung auf 34.174,- EURO.

Wenn in dem gleichen Modell auf zwölf Ebenen je 2,5 Prozent bezahlt werden, dann führt diese lineare Provisionsverteilung zu einem Provisionsvolumen von 20.425,-. Werden dagegen auf nur sechs Ebenen linear je fünf Prozent ausgeschüttet, so ergibt sich ein gesamtes Provisionsvolumen von 630,- EURO

Wenn man die Breitenbegrenzung von zwei aufhebt und die Breitenentwicklung völlig frei gibt, so kann sich das jeweilige Provisionseinkommen vervielfachen. Der Networker muss lediglich lange genug dabei bleiben und selbst aktiv werden. Das heißt, er muss für Breitenwachstum sorgen und seine Downline anregen, das Tiefenwachstum vorzunehmen. An Hand dieser kurzen Darlegung kann jede denkbare Konstellation durchgespielt werden. Es soll aber nochmals betont werden, dass alle diese Überlegungen nur mathematisch-theoretischer Natur sind. Die Praxis läuft immer anders. Erkennbar ist aber, dass das Breitenwachstum im Wesentlichen von der Arbeit und dem Zeitpotential des Networkers abhängig ist, während das Tiefenwachstum aus der Arbeit der Downliner resultiert. Große Tiefe und tiefe Vergütung mit kleinen Prozentsätzen führt nicht nur zu hohen, sondern vor allem auch zu stabilen, nachhaltigen passiven Einkommen.

Im Folgenden werden einige grundlegende Vergütungsplanmodelle, die in der Praxis vorkommen, dargestellt.

6.2.1 Stairstep-Breakaway -Pläne (Stufenplan oder Differenz-Bonus-Plan)

Der Stairstep-Breakaway-Plan ist die älteste Vergütungsform im Network-Marketing. Stufenpläne gestatten eine freie Entfaltung in der Breite. Je mehr Firstliner in einem solchen Vergütungsplan gewonnen werden, umso stärker kann das Einkommen gesteigert werden. Breitenwachstum, das heißt die Gewinnung von Firstlinern (oder auch die Gewinnung von reinen Produktkunden, die keine Struktur aufbauen wollen) ist die Domäne von Menschen, die gerne verkaufen. Stufenpläne können bei guten Verkäufern in Verbindung mit der Handelsspanne zu einem schnellen Aufbau relativ hoher Anfangseinkommen beitragen.

Dieser Vergütungsplan ist stufenweise aufgebaut. Mit den Stufen steigt der Provisionssatz an. Die jeweils höhere Stufe im Plan wird bei Überschreiten eines bestimmten Schwellenumsatzes des PGV erreicht. Unter „PGV" wird das „Persönliche Gruppenvolumen" verstanden, das heißt der Gesamtumsatz, den ein Vertriebspartner mit seiner von ihm initiierten Downline erzielt. Sobald der Umsatz die Schwelle von „Bronze" überschreitet, erhält er zusätzlich zu seiner Handelsspanne eine Provision von drei Prozent. Die folgende Abbildung zeigt ein Beispiel:

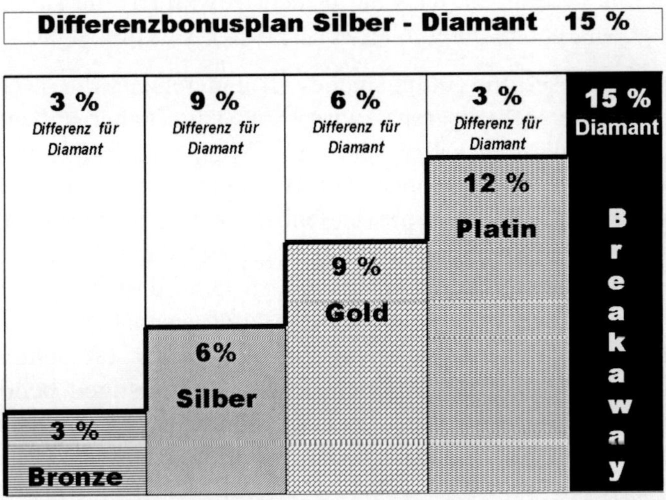

Abb. 9 Schema eines Differenzbonus- oder Stufenplanes (Stairstep-Breakaway)

Der Upliner (angenommen „Diamant") muss dafür auf diese drei Prozent aus seiner Stufenprovision verzichten. Bei der Stufe „Silber" erhöht sich dieser Bonus auf sechs Prozent, sobald sie nachhaltig überschritten wird, zu Lasten des Upline-Diamanten. In den Stufen „Gold" und „Platin" wiederholt sich dieses Spiel. Wenn der

Networker selbst die Stufe „Diamant“ erreicht, so bricht er mit seiner Gruppe aus der Gruppe seines Upline-Diamanten aus. Dies nennt man „Breakaway“. Im Vergütungsplan kann geregelt sein, dass der Upline-Diamant für die Breakaway-Gruppe einen besonderen Bonus („Generationenbonus“) erhält, es kann auch sein, dass diese Gruppe vergütungslos wegbricht.

Mit dem Wegbrechen der Gruppe zählt diese nicht mehr zur Persönlichen Gruppe und damit zum Qualifikationsvolumen des Upline-Diamanten. Dadurch kann dieser finanziell empfindlich getroffen werden, besonders dann, wenn er nur wenige Gruppen hat. Der Breakaway ist in der Praxis sehr unterschiedlich geregelt. Eine genaue Vergütungsplananalyse ist daher dringend zu empfehlen, um spätere Frustrationen zu vermeiden. Der Breakaway wird von Anfängern fast nie richtig erkannt, was zu großen Enttäuschungen führt, wenn sie erleben, dass die besten Downliner, die sie mühevoll aufgebaut haben, möglicherweise ersatzlos wegbrechen.

Ein Vorteil dieses Vergütungsplanes ist andererseits die Tatsache dass die Breite nicht begrenzt wird. Man kann daher unbegrenzt viele Network-Partner selbst sponsern. Wenn für die Breakaway-Gruppe ein „Generationsbonus“ (Infinitybonus) bezahlt wird, kann man auf diesem Weg über die Tiefenbegrenzung der persönlichen Gruppe hinaus einen Bonus in die unbegrenzte Tiefe der Downline erhalten. Bei sehr großen Organisationen kann dies selbst bei einem kleinen Prozentsatz einen hohen Betrag ausmachen. Schließlich ist der Stairstep-Breakaway-Plan seit über 60 Jahren in Gebrauch und er hat allen gerichtlichen und sonstigen behördlichen Überprüfungen auch in den USA standgehalten. Nichols bezeichnet diesen Plan als sicher bis auf den möglichen

> *„Betrug an den Vertriebspartnern durch die Verleitung zu überhöhtem Lageraufbau und extrem hohe Einkommensversprechen“.*[34]

Die unterschiedlichen Ausgestaltungsmöglichkeiten der Stufenpläne lassen eine generelle Beurteilung kaum zu. Nach einer US-Studie aus 1996 arbeiten 86 Prozent aller Network-Marketing Unternehmen in den USA mit diesem Vergütungsmodell.[35] Dennoch gilt es wegen seiner Komplexität als schwer erklärbar für Anfänger. Die meist hohen Umsatzvorgaben führen in vielen Fällen zur Frustration der Networker, denn es kann vorkommen, dass man bei der Verfehlung der Umsatzvorgaben keine Provision oder nur die für einen niederen Rang erhält. Dies ist ein Grund dafür, dass viele Networker nach einigen Monaten das Geschäft aufgeben, weil ihre Einkommenserwartungen nicht erfüllt worden sind.

6.2.2 Unilevel-Pläne

Der Unilevel-Plan wurde Anfang der 1990er Jahre erstmals in den USA eingesetzt. Er ist einfach und leicht erklärbar. Unilevel-Pläne kennen keinen Breakaway. Sie begrenzen aber die Provisionsberechtigung auf wenige Ebenen (praktisch zwischen drei und zwölf). Man unterscheidet zwischen einem einfachen (linearen) Unilevel-Plan, der auf allen Ebenen den gleichen Provisionssatz ausschüttet und modifizierten Unilevel-Plänen. „Einfach" wird ein Plan genannt, wenn die Ausschüttung auf allen Ebenen den gleichen Prozentsatz beträgt. Unilevel-Pläne sind in der Breite unbegrenzt, so dass beliebig viele Partner auf der Frontline eingeschrieben werden können.

Bei modifizierten Unilevelplänen wird die Provision unterschiedlich auf den Ebenen verteilt. Dadurch entstehen kopf-, mitten- oder basislastige Pläne, die sich in ihren Verdienstmöglichkeiten stark unterscheiden. Dies soll ein Beispiel zeigen. Die nachfolgende Tabelle beruht auf einer theoretischen Dreier-Multiplikation und verdeutlicht den Unterschied. Es wurde ein Umsatz von 100,- EURO je Partner angenommen. Im Modell ist keine Handelsspanne vorgesehen.

Ebene	Zahl der Partner	Provision Einfach		Provision Kopflastig		Provision Basislastig	
		%	EURO	%	EURO	%	EURO
1	3	10	30,-	25	75,-	2	6,-
2	9	10	90,-	15	135,-	3	27.-
3	27	10	270,-	10	270,-	5	135,-
4	81	10	810,-	5	405,-	10	810,-
5	243	10	2.430,-	3	729,-	15	3.645,-
6	729	10	7.290,-	2	1.458,-	25	18.225,-
Summe	**1.092**	**60**	**10.920,-**	**60**	**3.072,-**	**60**	**22.848,-**

Diese einfache Berechnung zeigt, dass allein die Gewichtung im Unilevel-Plan das mögliche Einkommen bei gleicher Struktur der Downline auf ein Drittel reduzieren kann, wenn die ersten Ebenen deutlich höher gewichtet werden, während bei Übergewichtung der unteren Ebenen eine Verdoppelung des Einkommens der linearen Regelung erreicht werden kann. Die Strukturierung des Vergütungsplanes spiegelt die unternehmerische Maxime wieder. Bei der Kopflastigkeit (*Front-End-Gewichtung*) soll der Networker angeregt werden, viele Firstliner schnell einzuschreiben, weil er dann auch selbst schnell Geld verdienen kann. Bei der Basislastigkeit (*Back-End-Gewichtung*) wird der Networker belohnt, der schnell in die Tiefe arbeitet. Für beide Möglichkeiten der Geschäftspolitik gibt es gute Gründe. Eine schnell in die Tiefe wachsende Organisation wird sehr stabil. Sobald die „Payline", also die Ebene, bis zu der eine Provision bezahlt wird (im Beispiel die 6. Ebene) erreicht wird, entfällt der Anreiz für den Vertriebsleiter, der an der Spitze dieser Gruppe steht, das Tiefenwachstum weiter zu fördern. Er wird dann neue Firstliner sponsern, um seine Einkommen zu steigern. Hier ergeben sich Begrenzungen nicht so sehr aus der Planstruktur, sondern aus der Tatsache, dass jeder Mensch nur eine begrenzte Kapazität zur Führung einer Gruppe hat. Daraus ergibt sich in der Praxis, dass Unilevel-Organisationen meist kleiner sind als Organisationen in Stairstep-Breakaway-Plänen.

Andererseits haben Unilevel-Pläne den großen Vorteil, dass es keine Breakaways gibt, die tatsächlich wegbrechen können. In einigen Unilevel-Plänen wurden auch Infinity-Boni eingeführt, um auch eine Tiefenvergütung über die Payline hinaus zu ermöglichen. Mit jeder weiteren Modifikation geht aber ein Teil des Vorteils der Einfachheit verloren.

Wenden wir uns den Plänen mit definitiver Breitenbegrenzung zu.

6.2.3 Matrix-Pläne

Der Matrixplan erlaubt jedem Vertriebspartner nur eine bestimmte Anzahl von Firstlinern. Er vergütet auch nur eine bestimmte Anzahl an Ebenen. Eine Matrix kann lauten „4 x 6", was bedeutet, dass jeder Vertriebspartner 4 Partner auf der ersten Ebene haben darf und für eine Tiefe von sechs Ebenen vergütet wird. Dadurch wird das Einkommen drastisch begrenzt, weil die maximale Zahl der Downliner sich aus dieser Matrix-Formel errechnen lässt. Im vorliegenden Beispiel beträgt sie 5.460.

Ein gewisser Vorteil besteht in dem „Spillover" (Überlauf), der dadurch zustande kommt, dass die Upline mehr Partner sponsert, als sie nach der Matrixformel haben darf. Diese Partner werden dann in der Downline dort eingegliedert, wo der nächste Platz frei ist. Matrixpläne kennen weder einen Breakaway noch sonstige komplexe Regelungen, so dass sie einfach zu erklären und zu verstehen sind. Die Führung der Downline ist bei einem Plan mit nur sehr wenigen Firstlinern wesentlich einfacher als bei einem deutlich breiter strukturierten Team.

Diesen leichten Vorteilen stehen gravierende Nachteile gegenüber: Nichols spricht von einem „dead wood syndrom" und bezeichnet damit den Umstand, dass einige Downliner nichts zum Aufbau beitragen, sondern den Spillover der aktiven Upliner freudig entgegennehmen. Richard Poe nennt dies klar und deutlich einen „Sozialismuseffekt"[36], weil wie in den sozialistischen Staaten den Ehrgeizigen das Geld genommen werde, um es auf die weniger Ehrgeizigen zu verteilen. Der größte Nachteil dürfte die Einkommensbegrenzung sein, die die Matrix grundsätzlich in jeder Ausgestaltung kennzeichnet. Da Matrixpläne bevorzugt bei illegalen Spielsystemen eingesetzt wurden, haben sich in den USA Staatsanwälte besonders oft für Matrix-Systeme interessiert.

6.2.4 Binär-Pläne (Duale Vergütungspläne)

Den Binärplan gibt es erst seit etwa 1990. Er erlaubt dem Vertriebspartner nur zwei Beine aufzubauen, die als „Business Center" bezeichnet werden. Die Provisionen berechnen sich nach den erreichten Umsatzvolumina, nicht nach den Ebenen. Aufgrund der oftmals wöchentlichen oder gar täglichen Provisionszahlung sind Binärpläne in den USA besonders beliebt. Dadurch kann man mit einem Binärplan schnell ein Anfangseinkommen erzielen.

Ein deutlicher Vorteil ist, dass man die Provision auf alle Umsätze in der ganzen Tiefe der Organisation erhält. Dem steht aber ein gravierender Nachteil gegenüber: In vielen Binärplänen wird ein bestimmtes Umsatzverhältnis zwischen den beiden Beinen verlangt. Wenn dieses nicht erreicht wird, entfällt die Provisionsberechtigung oder die Provisionszahlung richtet sich nur nach dem schwachen Bein. Oft wird nur für ein Bein, und zwar für das Umsatzschwächere Provision bezahlt. Manche Binärpläne gestatten die Einordnung neuer Partner durch den Networker, andere regeln das über das System automatisch. Eine weitere Variationsmöglichkeit bieten „Matching“-Boni, die sehr unterschiedlich gestalten werden können.

Der Binärplan wurde erstmals von einem Unternehmen eingesetzt, das Goldmünzen verkaufte. Später bedienten sich Unternehmen mit Reiseprogrammen, Bonuskarten und Prepaid-Telefonkarten dieser Vergütungsmethode, die in den USA ebenso wie die Matrixpläne oft mit rechtlichen Problemen zu kämpfen hat.

6.2.5 Hybrid-Pläne

In dem Bemühen, Vorteile zu optimieren und Nachteile auszuschließen, wurden in den letzten Jahren die Planelemente zu neuen Plantypen kombiniert, den „Hybridplänen“. Damit sollen Nachteile der einzelnen Plantypen abgemildert werden oder die Kombination dient zur Durchsetzung besonderer unternehmerischer Überlegungen und Zielvorstellungen.

Eines der interessantesten Modelle wurde in den 1990er Jahren von einem international expansiven US-Hersteller von Nahrungsergänzungs- und Körperpflegemitteln entwickelt. Das Unternehmen arbeitet nach dem Geschäftsmodell des reinen Empfehlungsmarketings. Es verzichtet völlig auf Handelsspannen. Jeder neue Kunde kauft zu den gleichen Bedingungen ein wie der älteste Stammkunde. Es gibt für niemanden Rabatt. Der Vergütungsplan kombiniert eine Unilevel-Phase mit einem Stufenplan, dessen Breakaway-Stufe in einen mehrstufigen Generationsbonus mündet. Wer auf Grund seiner guten Erfahrungen die Produkte weiter empfiehlt, bekommt in der Unilevel-Phase über drei Ebenen mittenlastig gewichtet eine Provision. Dabei werden insgesamt vierzig Prozent Provision ausgeschüttet. Mit diesem einfachen Modell ist es vielen Kunden möglich, ihren Eigenbedarf mit wenigen Partnern zu refinanzieren, wodurch sie nicht nur eine aktive Gesundheitsprävention für sich selbst und ihre Familie leisten, sondern diese auch noch kostenlos genießen können. Wenn ein Partner mit seinem Persönlichen Gruppenvolumen einen relativ niedrigen Schwellenwert an Punkten erreicht, tritt die Stufenplan-Phase die vier Rängeumfasst. Nun kann der Partner als Führungskraft bei der Teambildung besonders aktiv mitwirken. Auf diesen vier Stufen, werden insgesamt zwölf Prozent Provision ausgeschüttet. Bei Erreichung der Breakaway-Stufe mündet diese in die Phase des Generationsbonus.

Diese dritte Phase umfasst drei Diamant-Star-Stufen in denen nochmals acht Prozent verteilt werden. Insgesamt schüttet dieses Modell ohne jeden Breakage 60 Prozent vom Umsatz an Provisionen und Boni aus.

Mit dieser Gestaltung als Hybridplan wird eine nachhaltiger, stabiler Geschäftsaufbau ermöglicht, der vor allem im mittleren Bereich zufriedenstellende Einkommen und große Stabilität bringt. Er ist ausgesprochen mittelstandsfreundlich und die Fluktuationsrate ist bei diesem Unternehmen relativ gering, das Wachstum des Unternehmens aber relativ groß und vor allem nachhaltig.[37] Die Kombination der beiden Vergütungsplanprinzipien ist der Philosophie des reinen Empfehlungsmarketings gut angepasst, da einerseits eine schnelle Refinanzierung des Eigenbedarfs erreicht wird und andererseits spektakuläre Großeinkommen nur nach langer gewissenhafter Aufbauarbeit möglich sind.

6.3 Das Problem des Großhandelsrabattes

Die meisten Network-Marketing-Unternehmen gewähren ihren Vertriebspartnern einen Einkaufsrabatt. Die Partner vermitteln den Verkauf oder verkaufen als Kleinhändler zum Listenpreis. Dadurch realisieren sie die Handelsspanne, was oft als „erstes Einkommen" bezeichnet wird. Grundsätzliches dazu wurde schon auf Seite 68f angesprochen. Hier wenden wir uns weiteren Problemen dieser Regelung zu.

Die „Handelsspanne" ist ein trügerisches Instrument. Sehr viele Networker aus unterschiedlichen Firmen berichten, dass vor allem im warmen Markt, also bei Verwandten, Freunden und Nachbarn diese oft von diesem Rabatt profitieren möchten. Ein Teil oder der ganze Rabatt wird weiter gegeben. Als echtes Einkommen kann dann nur noch ein Teil der Handelsspanne und der Bonus auf die Verkäufe durch die Downline erzielt werden. Wenn von einer Gesamtausschüttung von 60 Prozent vom Umsatz bereits 40 Prozent als Handelsspanne ausgeschüttet werden, verbleibt für den gesamten Bonustopf nur noch ein Rest von 20 Prozent vom Umsatz. Einige MLM-Firmen beziehen diesen Betrag verfälschend auf den Nettoumsatz (nach Abzug der Handelsspanne) und sprechen dann von einem Bonusvolumen von zusätzlichen 33 Prozent. Diese Zahl ergibt sich nach der Formel:

20 / (100 - 40) x 100 = 33,34.

Diese Firmen (oder ihre Distributoren) behaupten, sie zahlten mit insgesamt 73 Prozent höhere Provisionen als anderen Firmen, die nur 60 Prozent (allerdings auf den Bruttoumsatz gerechnet) ausschütten. Hier werden Prozentsätze auf ungleicher Basis (einmal Bruttoumsatz, zum anderen Mal Nettoumsatz) addiert. Das ist kaufmännisch nicht korrekt. Tatsächlich ist in beiden Fällen der EURO-Betrag gleich, nämlich 60,- von 100,- EURO. Diese Verschleierung der Tatsachen entspricht nicht hanseatischer Seriosität, sie hat ein „Geschmäckle", ist aber auch bei Firmen, die ein ordentliches Gesamtkonzept haben, gelegentlich zu beobachten. Oft ist diese fragwürdige Interpretation des Vergütungsplanes nur auf fehlende kaufmännische Kenntnisse der Distributoren zurück zu führen. Daher sollten sich Neueinsteiger gerade den Vergütungsplan sehr genau erklären lassen und ihn sehr kritisch hinterfragen. Oft ist es sinnvoll, ihn von einem wirklich Sachkundigen überprüfen zu lassen, wenn man spätere Enttäuschung vermeiden will.

An dieser Stelle soll einem Missverständnis vorgebeugt werden: In diesem Buch werden keine Prozentsätze als „richtig" für ein Vergütungssystem vorgegeben, sondern nur Beispiele erläutert. Eine Provision von 40 Prozent auf ein boomendes Geschäft mit großen Wachstumsaussichten ist wesentlich besser, als eine von 70 Prozent auf ein Geschäft, das sich auf dem absteigenden Ast bewegt. Eine Firma, die kein Wachstum mehr generieren kann oder sich in einem schrumpfenden Markt befindet, ist für Network-Marketing nicht geeignet. Network-Marketing ist eine ideale Vertriebsform für Wachstumsmärkte, nicht für Märkte, die ihre Zukunft bereits hinter sich haben, weil die Nachfrage wegbricht oder ein starker Preisverfall stattfindet. Ob ein konkretes Unternehmen in die eine oder andere Kategorie gehört, kann nur im Einzelfall geprüft und beurteilt werden, ebenso wie die Höhe des Provisionsplafonds, der ohne Schaden für das Unternehmen ausgeschüttet werden kann.

Jedem Network-Marketing Unternehmen sollte man sich mit offenen Augen nähern, wenn man das richtige Unternehmen für den Aufbau einer eigenen erfolgreichen Zukunft in diesem insgesamt faszinierenden und expansiven Markt aussuchen möchte. Blindes Vertrauen gegen einen Bekannten oder Freund, der für sein Unternehmen werben will, ist nicht die beste Voraussetzung für eine unternehmerische Entscheidung. Auch im Network-Marketing ist es erlaubt, selbst zu denken, selbst kritisch zu prüfen. Auch im Network-Marketing geben nur kluge Entscheidungen Sicherheit.

6.4 Das „Kleingedruckte“ im Vergütungsplan

Neben dem Verteilungsschema für die Provisionen und Boni werden im Vergütungsplan auch die Voraussetzungen aufgeführt, die erfüllt sein müssen, damit jemand überhaupt provisionsberechtigt ist. Die wichtigsten sind

- Aktivität
- „Qualifikationen“ (Hürden, Persönliches Volumen)
- Aufbau der Ränge
- Struktur des Umsatzes
- Struktur der Downline
- Breakaway

6.4.1 Ausgestaltungsmerkmale in Vergütungsplänen „Qualifikationen“

Aktiv im Sinne des Vergütungsplanes ist ein Vertriebspartner in jedem Monat (Abrechnungsperiode), in dem er den geforderten Mindestumsatz erreicht. In den meisten Plänen wird nicht von Umsatz, sondern von Volumen gesprochen. Dies mag aus der US-Formulierung übernommen worden sein, meist wird aber bewusst der Begriff „Umsatz“ vermieden, weil man bei fast allen Vergütungsplänen nicht vom tatsächlichen geldmäßigen Umsatz in der Landeswährung, also in Euro ausgeht, sondern von einem abstrakten „Punktwert“. Dabei handelt es sich um einen firmeneigene Kunst-Währung, die für alle Länder der Erde gilt. Bei US-Firmen entspricht ein Punkt meist einem US-Dollar. Bei deutschen Unternehmen hatte vor der Euro-Einführung ein Punkt oft den Wert einer DM, heute entspricht er dann 50 Euro-Cent. Aber auch dies ist keine feste Regel. Jeder Artikel hat neben seinem Preis in Landeswährung einen Punktwert, der rund um den Globus in allen Währungen gleich ist. Wenn die Provision zehn Prozent betragen soll, so sind immer zehn Prozent vom Punktwert, nicht vom Preis gemeint. Welchem Eurobetrag das entspricht, muss man von Fall zu Fall erfragen. Vor der Entscheidung für ein MLM-System sollte sich der künftige Vertriebspartner genau aufklären lassen, wie die

Abrechnungen tatsächlich berechnet werden, damit er später kein frustrierendes Erwachen erlebt.

Nur „aktive“ Partner sind Bonus berechtigt. Wenn ein Partner in einem Monat keinen Umsatz tätigt, also für diesen Monat nicht aktiv ist, so erhält er auch keine Provision für diesen Monat. Im Network-Marketing sind nur aktive Kunden provisionsberechtigt!

Qualifikationen im Network-Marketing sind Nebenbedingungen, die regeln, wann man welchen Rang tatsächlich erreicht. Die Vergütung richtet sich fast immer nach einer hierarchieähnlichen Rangordnung, wobei die Ränge ähnlich den Bezeichnungen in Industrieunternehmen sein können (z.B. in der aufsteigenden Folge Berater, Assistent, Supervisor, Manager, Distrikt-Manager, Abteilungsleiter, Direktor) sie können auch völlig davon abweichen und sich (z.B. an den Edelmetallen oder Edelsteinen orientieren: Consultant, Experte, Bronze, Silber, Gold, Platin, Saphir, Rubin, Diamant). Die Zahl der Ränge beträgt mindestens drei, manchmal bis zu zwölf Stufen.

Persönliche Gruppe (Persönliches Gruppen-Volumen, PGV) ist die Bezeichnung für alle Firstliner und die nachfolgenden Downliner bis zur Linie, an der die Vergütung endet. In den meisten Vergütungsplänen werden nur für eine bestimmte Anzahl von Ebenen Provisionen ausgeschüttet, nicht für die gesamte Tiefe der Organisation. Das PGV hat große Bedeutung in vielen Vergütungsplänen als Voraussetzung für die Erreichung eines Ranges. Die Höhe der Punktzahl des PGV definiert den Rang. In manchen Vergütungsplänen wird vorgeschrieben, dass man mehrere Monate hintereinander eine bestimmte Volumenhöhe erreichen muss, damit die Qualifikation gilt. Wenn man dann wieder für zwei oder drei Monate hinter diese Höhe zurück fällt, verliert man den bereits erreichten Rang und muss sich requalifizieren. Bei anderen Plänen bleibt zwar der Rang erhalten, wer also einmal „Diamant“ geworden ist, bleibt Diamant, auch wenn sein PGV die Qualifikationshöhe unterschreitet. Er wird nicht in seinem Rang bezahlt, sondern mit dem Rang darunter (z.B. als „Platin“, „Pearl“ oder als „Gold“).

Aufbau der Ränge. Alle Network-Marketing-Systeme haben eine Rangstufenfolge, die scheinbar hierarchisch aufeinander aufbaut. Network-Marketing unterscheidet sich vom industriellen Vertrieb rein äußerlich auch durch die etwas ungewöhnlichen Rangbezeichnungen und durch die große Zahl der Rangabstufungen. Der Neueinsteiger fängt immer (gleichgültig welche Funktion er in seinem früheren Berufsleben eingenommen hatte) als einfacher Vertriebspartner (Distributor, Repräsentant, Berater, Wellnessberater, Partner, Lizenznehmer, Beginner o.ä.) an.

Die höheren Ränge sind nur hinsichtlich der Vergütungsregelungen höher, es ergeben sich aus der Rangordnung, zum Unterschied von echten Hierarchien in Unternehmen, Verwaltungen oder bei der Bundeswehr, keine Vorgesetzten-Untergebenen-Verhältnisse im disziplinarrechtlichen Sinn. Die MLM-Ränge bezeichnen lediglich den Vergütungslevel. Da diese meist mit einem Abzeichen vergeben werden (engl. „Pin") spricht man vom Pinlevel. Wenn die Bezahlung nicht mehr dem Pinlevel entspricht, sinkt der Paylevel unter den Pinlevel. Das ist eine sehr oft zu beobachtende Erscheinung, die auch viel Frustration bei Network-Marketing Mitarbeitern hervorruft.

Die Anfangsstufe wird mit dem jeweils niedrigsten Handelsrabatt oder Provisionssatz vergütet. Darauf folgt eine Reihe von Stufen, in denen es zusätzliche Provisionen oder höhere Handelsrabatte gibt. Beliebt sind Phantasiebezeichnungen aus dem Metall- oder Edelsteinbereich, zum Beispiel die Abfolgen Bronze, Silber, Gold, Platin oder Smaragd, Rubin, Saphir, Diamant, oder Jade, Corall, Pearl, Black Pearl, Botschafter, Kronen-Botschafter mit und ohne Rubine, Diamanten oder Sterne. Deutsche Unternehmen neigen zu Rangbezeichnungen, die aus anderen Bereichen geläufig sind: Berater, Assistent, Manager, Direktor, Generaldirektor, Vizepräsident, Präsident. Kaum zwei Firmen haben die gleichen Bezeichnungen. Alle diese Bezeichnungen sind meist mit einer Anstecknadel, einem „Pin", verbunden, der oft feierlich verliehen wird. Auf Außenstehende wirken diese Zeremonien und Abstufungen oft eigenartig teilweise auch belustigend. Für das Network können sie ein Motivationsinstrument sein, obwohl sie eigentlich nur die Vergütungsklasse bezeichnen, die ein Networker erreicht hat. Ob er diese Provision tatsächlich bekommt, regelt der Vergütungsplan für jeden Rang durch die Voraussetzungen, unter denen die festgelegte Provision erhalten werden kann.

Die wohlklingenden, teils hochtrabenden Rangbezeichnungen haben allenfalls eine psychologische Bedeutung. Ein „Generaldirektor“, „Vizepräsident“ oder „Nationaler Marketing Direktor“ ist betriebswirtschaftlich betrachtet ein genauso einfacher Repräsentant oder Kleinhändler, wie derjenige, der gestern angefangen hat und heute die ersten beiden Kunden gewinnt. Die Rangbezeichnung besagt nur, dass er bereits eine größere Downline aufgebaut hat und auf Grund dieser Tatsache zu den „Führungskräften“ zählt. Weisungsbefugnisse, die mit solchen Rangbezeichnungen üblicherweise in der Wirtschaft verbunden sind, gibt es im Network-Marketing jedoch nicht. Alle Neueinsteiger sind aber gut beraten, wenn sie die Inhaber höherer Ränge nach ihren Erfahrungen fragen und diese auf- und annehmen, um eventuelle Fehler zu vermeiden und sich die Erfahrung der Upline zu nutze zu machen.

Die **Struktur des Umsatzes** hat eine große Bedeutung bei einigen Vergütungsplänen, wenn zum Beispiel besondere Regeln für das Verhältnis des Umsatzes zwischen den verschiedenen Zweigen der Downline aufgestellt werden. (Binär-Plan)

Die **Struktur der Downline** ist von Bedeutung, wenn im Vergütungsplan ein bestimmter Aufbau festgelegt wird. Einige NWM-Firmen schreiben als Bedingung für die Qualifikation vor, dass man jeweils von dem nächst niederen Rang eine bestimmte Zahl selbst gesponserte Beine haben muss, um den Rang zu erreichen und zu erhalten. Wenn eines dieser Beine ausfällt, dann kann der Paylevel um eine Stufe unter den Pinlevel fallen. Wenn sich dort das gleiche Missgeschick ereignet, so fällt man zwei Stufen unter den Pinlevel zurück. Dies ist mit einer erheblichen Einkommensminderung verbunden.

Breakaway heißt das Wegbrechen einer ganzen Gruppe aus dem für die Qualifizierung wichtigen persönlichen Volumen. Dies tritt immer dann ein, wenn ein Firstliner mit seiner persönlichen Gruppe aus der persönlichen Gruppe seines Sponsors herausfällt. Dies kann gravierende Folgen für die Vergütung haben, weil jeder Breakaway auf Seiten des Networkers immer eine Schwächung des für die Qualifikation wichtigen „Persönlichen Volumens“ bedeutet. Der Hinweis auf einen Generationenbonus, der nun zusätzlich bezahlt würde, geht dann ins Leere, wenn das Volumen der verbleibenden Persönlichen Gruppe nicht zur Qualifikation ausreicht. Breakaway tritt vor allem ein bei „Stairstep Breakaway Plänen“.

6.4.2 Qualifikationskriterien

Die Ränge bauen aufeinander auf. Um in einen höheren Rang aufzusteigen, muss man bestimmte Bedingungen erfüllen. Diese sind im Vergütungsplan geregelt. Der Aufstieg selbst wird meist als „Qualifizierung“ bezeichnet. Die Qualifizierungskriterien können sehr unterschiedlich sein. Die in der Wirtschaft ansonsten üblichen formalen Qualifikationskriterien wie Schul- oder Hochschulabschlüsse, Ausbildungen, Berufserfahrung spielen im Network-Marketing überhaupt keine Rolle. Alle Qualifikationskriterien im Vergütungsplan zielen ausschließlich auf die individuelle Leistung des Vertriebspartners für das Unternehmen. Als Kriterien findet man beispielsweise:

- Umsatzhöhe (PV, Volumen der persönlichen Gruppe)
- Zahl der Monate mit der verlangten Volumenhöhe
- Struktur der Downline
- Besuch von Seminaren
- Umsatzverhältnis der Downline-Beine (Binär-Plan)
- Zahl der direkt gesponserten Vertriebspartner
- Ränge der Vertriebspartner in der Frontline

In manchen Vergütungsplänen findet sich ein regelrechter Qualifikationsdschungel, der selbst für erfahrene Networker nicht leicht zu durchschauen ist. Je komplizierter dieses Regelwerk gestaltet wird, umso kritischer sollte man werden, denn meist werden komplexe Regeln nur aufgestellt, um sich eines Teils der Zahlungspflichten zu entledigen oder um die dadurch erworbenen Provisionsansprüche in die Firmenkasse umzulenken. Leider gibt es auch Network-Marketing-Firmen bei denen die Komplizierung der Provisionsregelungen nur noch als unredliche Praxis angesehen werden kann, auch wenn sie ansonsten ein völlig legales Network-Marketing-System betreiben.

6.4.3 Incentives (Autobonus, Hausbonus, u.a.)

Manche Network-Marketing-Firmen gewähren besondere Anreize in den höheren Rängen, um ihre Vertriebspartner zu motivieren. Sehr beliebt ist dazu der Firmenwagen: Ab einem bestimmten Rang stellen sie ein firmeneigenes Auto zur Verfügung. Dies wirkt sehr motivierend, denn wenn der betreffende Vertriebspartner die

Qualifikation für den Autobonus nicht mehr erreicht oder auch nur zeitweise verfehlt, muss er das Fahrzeug abgeben. Das ist für sein gesamtes Umfeld sofort zu erkennen und es wird als sehr blamabel empfunden. Ein weiterer Nachteil ist der, dass man nicht immer ein Fahrzeug nach eigenem Geschmack aussuchen kann. Oft hat das Unternehmen einen Vertrag mit einem bestimmten Hersteller, so dass alle Vertriebspartner mit Autobonus die gleiche Marke fahren müssen.

Dieser Bonus kann noch ein weiteres Malus haben: Die Fahrzeuge werden geleast, aber nicht von der Firma, sondern vom Vertriebspartner. Der Leasingvertrag mit allen Pflichten läuft auf den Partner. Er erhält einen Zuschuss zur Leasingrate. Dieser beträgt zwar meist 100 Prozent, aber nur, wenn die Qualifikationskriterien voll erfüllt werden. Wenn dies nicht der Fall ist, entfällt der Zuschuss mit der Folge, dass der Vertriebspartner die Leasingrate für sein Fahrzeug selbst bezahlen muss. Dies ist ihm in der Regel nicht bewusst, wenn er sich in das Network-Marketing-Unternehmen einschreibt und vielleicht den Autobonus als besondere Wohltat des Unternehmens ansieht. Ein Vergütungsplan ohne Bonusregelung für ein Auto ist meist vorteilhafter für den Networker. Wer selbständig ist, kann auch sein Fahrzeug selbständig aussuchen.

Weitere Incentives sind der Hausbonus oder eine firmeneigene bzw. von der Firma bezahlte Lebensversicherung. Diese beiden Anreize kommen relativ selten vor. Bei allen Incentives ist festzustellen, dass diese Anreizsysteme eigentlich für einen selbständigen Partner abzulehnen sind. Incentives sind keine Geschenke, denn sie werden aus dem allgemeinen Provisionstopf bezahlt, da anderes Geld nicht verfügbar ist. Wenn insgesamt 60 Prozent vom Umsatz den Provisionstopf bilden und für die Beglückung mit Incentives insgesamt zwei Prozent ausgegeben werden, so können auf alle Network-Partner nur noch 58 Prozent ausgeschüttet werden. Der Gesamt-Provisionstopf wurde ja bereits um zwei Prozent gekürzt, um einige Networker mit einem Firmenwagen zwangsweise zu beglücken – zu Lasten all derjenigen, die deswegen eine etwas geringere Provision erhalten. Selbständigen Partnern sollte man die Provision voll ausschütten. Was sie mit diesem Geld machen, können und müssen sie als Selbständige selbst entscheiden.

6.4.4 Meist kein Incentive: Die Kreuzfahrt

Bei international breit aufgestellten Firmen ist es eine besondere Belohnung für die tüchtigsten Verkäufer, einmal im Jahr zu einer Kreuzfahrt auf einem Luxusliner eingeladen zu werden. Dies sind in der Regel keine reinen Vergnügungsreisen, sondern Seminarveranstaltungen und Führungsmeetings mit Teilnehmern aus aller Welt, die in einem entspannten Rahmen stattfinden. Die erstmalige Teilnahme ist sicherlich für jeden ein besonderes Erlebnis. Wer aber schon mehrmals an der Cruise teilgenommen hat, schätzt besonders die Diskussion mit der Geschäftsleitung und den Erfahrungsaustausch mit den Kollegen. Diese Veranstaltungen festigen sowohl die Beziehung untereinander als auch zwischen, den Top-Führungskräften des Vertriebs und der Unternehmensleitung. Für diese ist die Diskussion mit Vertriebspartnern, die selbst Kunde sind und gleichzeitig einige Hundert oder Tausend Kunden in ihrer Downline repräsentieren, von großer Bedeutung für die Zukunftsstrategie des Unternehmens. Bei keiner anderen Veranstaltung kann die Unternehmensleitung intensiver mit „dem Markt" kommunizieren als bei dieser Zusammenkunft der Repräsentanten großer Kundengruppen, die aus ihrer eigenen Tagespraxis und den zahlreichen Gesprächen mit ihrer Downline besser, praxisnäher und intensiver informieren können, als die besten Marktforscher. Dies ist eine ganz besondere Stärke des Network-Marketings gegenüber allen anderen Vertriebsformen.

6.4.5 Vergütungspläne und Firmenethik

Das Wort Ethik hat für unterschiedliche Unternehmen zunehmend eine unterschiedliche Bedeutung. Viele moderne Unternehmen fühlen sich nicht nur dem Geschäftsinteresse ihrer Gesellschafter („*Shareholder Value*") verpflichtet, sondern richten ihr Handeln nach ethischen Grundsätzen aus. Neuere Rechtsnormen, die unter der Überschrift „Corporate Governance" zusammengefasst werden können, führen dazu, dass sich Unternehmen wieder in stärkerem Umfang ethische Grundwerte zur Richtschnur ihres Handels machen. Dazu gehört nicht nur ein gesteigertes „Umweltbewusstsein". Für Firmenethik werden seit einigen Jahren sogar Preise verliehen – auch Unternehmen aus der Network-Marketing-Branche haben schon Ethik-Preise erhalten.

Oft wird die Firmenethik in Kunstdruckbroschüren als bibliophile Kostbarkeit publiziert. Nicht immer entspricht der Inhalt auch der edlen Form. Man kann die tatsächlich praktizierte Ethik eines Network-Marketing Unternehmens vor allem in den Regelungen des Vergütungsplanes erkennen. Ein ethisch orientiertes Unternehmen wird keine faulen Tricks in den Plan einbauen, um seine Vertriebspartner, die ja alle gleichzeitig Kunden des Unternehmens sind, in irgendeiner Form zu betrügen. Ethisch geführte Unternehmen haben auch ethisch vertretbare Vergütungspläne erarbeitet und lassen ihren Vertriebspartner leistungsorientiert fair an den Erfolgen des Unternehmens partizipieren. Komplizierte Verschleierungen, versteckte Qualifikationshürden, unfaire Strangulierungen kommen in den Vergütungsplänen von ethisch orientierten Unternehmen nicht vor. Ein sehr wichtiges Kriterium für die Auswahl eines Network-Marketing Unternehmens ist daher der Vergleich zwischen der postulierten Firmenethik, falls es eine solche gibt, und den Regelungen im praktischen Vergütungsplan.

Ethisch orientierte Unternehmen ziehen auch überwiegend Menschen an, die sich nur in einem solchen Partnerunternehmen wohl fühlen, die diese Orientierung nicht nur akzeptieren, sondern die diese suchen. Ein Unternehmen kann man sehr gut danach beurteilen, welche Menschen sich für dieses Unternehmen engagieren und sich dort wohl fühlen. Daher sollte man sich den Sponsor als Menschen sehr genau ansehen. Rückschlüsse vom Vertriebsmitarbeiter auf das Unternehmen müssen nicht immer zutreffen, sind aber oft zulässig, treffend und somit hilfreich. Dieser Zusammenhang lässt sich in einer einfachen Funktion auch mathematisch ausdrücken:

$$\text{Dyn} = (\text{Q mal M})^{F}$$

Die **Dyn**amik eines Unternehmens im Network-Marketing ist ein Produkt aus der **Q**ualität und den dafür arbeitenden **M**enschen. Die **F**aire Regeln potenzieren das Ergebnis. Dies darf natürlich nicht als Rechenformel missverstanden werden. Die „Formel“ soll verdeutlichen, das Fairness in der Unternehmensführung ein sehr bedeutender Einflussfaktor auf die Unternehmensentwicklung ist. Im Network-Marketing spiegelt sich Fairness am eindrucksvollsten in der Gestaltung der Vergütungssysteme.

6.4.6 Führungskräfte und ihre Aufgaben

Als „Führungskräfte" bezeichnet man im Network-Marketing diejenigen Vertriebspartner, die bereits eine größere Downline aufgebaut haben, womit sie die Ebene erreichten, auf der ein Führungsbonus bezahlt wird. Zu den „oberen" Führungskräften gehören meist die „Diamanten", „Stern-Ränge" und vergleichbare Ränge (Präsidenten, Generaldirektoren, „Black Pearls", „Kronenbotschafter", „Nationale Marketing-Direktoren", u.ä.). Diese Führungskräfte haben auf Grund ihrer Aufbau-Leistungen und ihres Umsatzvolumens eine große Nähe zur Unternehmensleitung. Sie sind vergleichbar mit den Key-Account-Managern im industriellen Vertrieb. Bei ihnen laufen viele Meinungen und Erfahrungen aus der großen Downline zusammen, so dass sie in der Lage sind, der Unternehmensleitung konkrete, zeitnahe und problemorientierte Informationen aus der Breite des Marktes und insbesondere der eigenen Kundschaft zu geben. Dies macht sie für die Unternehmensleitung als Gesprächspartner, „Marktforscher", Informanten und Mittler zur großen Zahl der Vertriebspartner sehr wertvoll. Eine sehr wichtige Aufgabe für diese Gruppe von Führungskräften ist daher die Information gegenüber dem Unternehmen.

Ebenso wichtig ist die Verpflichtung die eigene Downline über wichtige Entwicklungen im Unternehmen zu informieren. Insbesondere über neue Produkte und ihre Vorzüge, die Firmenpolitik, die Feinheiten des Vergütungsplanes und alle sonstigen für die Vertriebspartner relevanten Einzelheiten aus dem Unternehmen.

Allgemein sind die Führungskräfte, auch wenn sie noch nicht zu den obersten Führungsrängen gehören, zur Ausbildung der Downline im Sinne des Unternehmens verpflichtet. Viele obere Führungskräfte verpflichten Top-Trainer der Branche zu Vortrags- und Trainingsveranstaltungen für ihre Downliner. Dabei werden oft die Honorare der Trainer (wenigstens teilweise) von den Führungspersönlichkeiten gesponsert. Ebenso mieten sie auf Messen (z.B. der START oder auf Verbrauchermessen) Stände, damit ihre Downliner dort Kontakte knüpfen und Neukunden gewinnen können. Viele Führungskräfte kaufen Bücher und CD für ihr Downline in größeren Stückzahlen und geben den so erhaltenen Rabatt an die Downline, insbesondere an die ganz neuen Downliner weiter.

Führungskräfte im Network-Marketing werden ihrer Aufgabe dann gerecht, wenn sie nicht nur sponsern, sondern wenn sie die Ausbildung ihrer Downline vertiefen und diese durch gute Weiterbildung in die Lage versetzen, das Network-Marketing Geschäft immer besser zu betreiben – zum eigenen und zum Firmennutzen.

Diese Aufgaben unterstützt ein guter Vergütungsplan dadurch, dass er in seinen Gewichtungen den Aufbau der jeweils zweiten und dritten Ebene besonders gut honoriert. Auch sollte er über den Generationsbonus eine Vergütung in die unendliche Tiefe ermöglichen. Dies stabilisiert das Geschäft, und gibt den Führungskräften die Möglichkeit, sich intensiv um die Downline zu kümmern

Ein guter Vergütungsplan honoriert in fairer Aufteilung sowohl die Arbeit der Führungskräfte als auch die Arbeit der Networker an der Basis. Wenn er diese beiden Aufgaben optimal erfüllt, dient er auch dazu, die Umsätze des Unternehmens überdurchschnittlich zu steigern. Wenn dies bei der intensiven Prüfung vor dem Einstieg in ein Network-Marketing-Unternehmen erkennbar ist, kann man sich mit großem Elan an die Arbeit begeben und wird nicht frustriert nach wenigen Monaten wieder aufgeben. Im Network-Marketing gilt stärker als in anderen Bereichen der Wirtschaft: Gute Unternehmen zahlen auch gut! Die Führungskräfte sind hilfsbereite Partner, nicht bewunderungssüchtige Stars! Deshalb sollte man vor seiner Unterschrift auch Veranstaltungen zu besuchen, auf denen obere Führungskräfte erleb werden.

7. Bewertungskriterien für Vergütungspläne und Network-Marketing Anbieter

Bevor man sich einem Network-Marketing-System anschließt, sollte man den Vergütungsplan genau prüfen auf seine Wirkungsweise, auf sein Verdienstpotential und auf mehr oder weniger gut versteckte Fallen, die die Provision schmälern können. Vrabel stellt nach der Analyse einer Reihe von Vergütungsplänen in der Branche auf die Interviewfrage, welche Absichten hinter den Vergütungsplänen stecken würden, kritisch fest: [38]

> *„Leider sehr unterschiedliche. Die meisten Unternehmen stellen keine echte win-win-Beziehung zu ihren Vertriebspartnern her, [...] Vertriebspläne, bei denen die meisten auf der Strecke bleiben, sind leider an der Tagesordnung. [...]der Vergütungsplan eines Unternehmens nicht ein Betriebsunfall ist, sondern in voller Absicht konzipiert wurde. Deshalb vertrete ich auch die Meinung, dass man die Ethik eines Network-Marketing Unternehmens sehr gut an der Konzeption des Vergütungsplanes ablesen kann. Wenn man kann!"*

Diese Kritik kommt von einem engagierten Networker, der viele Jahre Erfahrung mit unterschiedlichen Vergütungsplänen hat. Vergütungspläne sind wesentlicher Teil der Unternehmenskonzeption im Network-Marketing. Sie können die Zufriedenheit stärken und so zur Motivationsquelle werden. Sie können auch genau das Gegenteil bewirken und zur Hauptquelle der Frustration werden.

Gute Vergütungspläne entfalten für das Unternehmen für den Networker positive Wirkungen. Zum Vergütungssystem gehören auch die Incentives. Vergütungspläne müssen vorrangig mehrere Funktionen erfüllen. Die wichtigsten sind:

- Aufteilung der Provisionen auf die beteiligten Ebenen
- Motivation der Networker zur Leistung
- Anreize zum Strukturaufbau
- Faire Entlohnung der einzelnen Leistungen (Kontakten, Präsentieren, Verkaufen, Betreuen, Ausbilden, Coachen, Werben)
- Gute Einkommensmöglichkeiten beim Start
- Nachhaltig passive Einkommensmöglichkeiten

Kernaufgabe in jeder Vertriebsform ist der Verkauf. Im Network-Marketing wird diese Aufgabe von jedem Networker gegenüber seinem direkten Kunden erfüllt. Auch dann, wenn nur von „Empfehlung“ gesprochen wird, bedeutet dies doch, dass ein Verkaufsvorgang aktiviert wird. Der durch die Empfehlung neugierig gemachte Kunde kauft schließlich ein, ohne dass der Networker irgendeine typische Verkaufshandlung vornehmen muss. Dabei sind alle Networker gleichzeitig auch Kunden des Unternehmens. Network-Marketing funktioniert nach der Devise „Kunden gewinnen neue Kunden!“, sie bilden ein Kundennetzwerk und arbeiten ausschließlich innerhalb desselben. Diese Kernfunktion muss der Vergütungsplan honorieren und fördern. Er muss so aufgebaut sein, dass die Networker nicht nur motiviert werden, die Produkte zu empfehlen sondern auch gerne das Geschäftsmodell vorstellen.[39]

7.1 Die „Qualifikationen“

Unter diesem Begriff versteht man Umsatzvorgaben, die die Vertriebspartner monatlich erfüllen müssen, um entsprechend ihres Pin-Levels vergütet zu werden, das heißt ihrem Rang entsprechenden Bonus tatsächlich zu erhalten. In den meisten Vergütungsplänen handelt es sich dabei um eine Vorgabe für den Gruppenumsatz sowie das persönliche Umsatzvolumen. Selten wird auch die Gewinnung einer bestimmten Zahl neuer Partner in die Qualifikationsvorgabe aufgenommen. Die Qualifikation muss in jedem Monat neu erreicht werden. Wird sie unterschritten, so richtet sich die Vergütung nicht nach dem Pin-Level, den der Vertriebspartner erreicht hatte, sondern er wird darunter in Höhe eines niedrigeren Levels bezahlt. Diesen nennt man den „Pay-Level“. Diese Regelung klingt sehr unvorteilhaft, entspricht aber in dieser einfachen Form der im Verkauf bei allen Provisionssystemen üblichen Regelung, dass nur für tatsächlich erzielte (und bezahlte) Umsätze Provision gezahlt wird.

In manchen Unternehmen wird die Qualifikation immer erst auf den Folgemonat angerechnet. Eine faire Regelung bezieht sich jedoch stets auf den Monat, in dem die Qualifikation erreicht wird. Wenn beispielsweise der Rang „Gold“ ein Gruppenumsatzvolumen von 10.000 Punkten voraussetzt, so wird bei einem fairen Unternehmen in dem Monat die damit verbundene Bonusregelung bezahlt, in dem diese Umsatzhürde übertroffen wird, also 10.000

oder mehr Punkte erreicht werden. Wenn im Folgemonat nur eine Punktzahl von 9.999 erreicht wird, so behält der Partner zwar seinen PIN „Gold“, er wird aber nur als „Silber“ bezahlt.

Einige Firmen verlangen, dass mehrmals in Folge die Qualifikation erreicht werden muss, damit sie bezahlt werden kann. Dies bedeutet nichts anderes, als dass eine verdiente Provision gekürzt wird ohne einen wirklichen sachlichen Grund. Diese Praxis ist eine beliebte aber unfaire Regelung zu Lasten der Vertriebspartner.

7.2 Einige Fallstricke in Vergütungsplänen

Vergütungspläne sollen Leistungen gerecht und in einem leicht nachvollziehbaren Regelwerk vergüten. Dies ist in der Praxis nicht immer der Fall. So finden sich in manchen Vergütungsplänen Sonderregelungen wie die nachfolgend beispielhaft aufgeführten, die oft geeignet sind, die Vergütungshöhe zu reduzieren.

- Vorschriften über besondere Umsatzverhältnisse in verschiedenen Zweigen einer Downline. Dies ist allgemeine Praxis bei den Binärplänen.
- Begrenzungen der Vergütungspläne in Breite, Tiefe oder sogar die Begrenzung der Provisionssumme.
- Entfall der Vergütung von Breakaway-Gruppen.
- Keine Kompressionsregelungen.
- Gültigkeit der Kompression erst im Folgemonat.
- Pattsituationen führen zum Wegfall der Provisionszahlung.
- Zwingende Strukturvorgaben als Qualifikationsvoraussetzung.
- Leasingverträge an Stelle eines Kfz-Bonus

Diese Stichworte sollen nur anzeigen, in welcher Richtung manche Firmen ihre „Kreativität“ spielen lassen. Dabei werden diese Fallstricke meist durch blumige Umschreibungen verschleiert und nur selten offen benannt. Hier ein paar Beispiele aus der Praxis:

a) Bei Binärplänen zum Beispiel hat man ein „rechtes“ und ein „linkes“ Bein. In vielen Binärplänen wird ein bestimmtes Umsatzverhältnis zwischen beiden Beinen verlangt, um die optimale Bezahlung zu erhalten. Für diese Anforderung gibt es keinen zwingenden logischen Grund, es ist reine Willkür. Warum?

b) Matrixpläne begrenzen die Zahl der Firstliner und die Zahl der Ebenen, über die Provision vergütet wird. Auch dafür gibt es kaum einen sachlichen Grund.

c) Der Vergütungsplan eines großen Unternehmens verlangt zur Qualifikation, dass jeweils auf der nächstfolgenden Ebene drei direkt gesponserte (nicht durch Kompression aufgerückte) Beine vorhanden sind. Wenn eines davon ausfällt, sinkt der Pay-Level um eine Stufe unter den Pin-Level. Da dies für alle Ebenen gilt, kann ein Ausfall auf unterer Ebene eine Kettenreaktion bis hin zur Spitze bedeuten. Einige Top-Führungskräfte haben dieses Unternehmen verlassen, weil gerade bei hohen Einkommen monatliche Schwankungen um über 50 Prozent schon wegen der hohen Einkommensteuervorauszahlungen zu erheblichen Schwierigkeiten führen können. Die Regelung, die zu solchen Ergebnissen führt, beruht auf reiner Willkür. Es gibt keine betriebswirtschaftliche Notwendigkeit, solche Komplikationen einzubauen.

d) Wenn in einem Stufenplan ein Downliner sich auf die Position seines Sponsors qualifiziert, ohne dass dieser gleichzeitig einen Rang höher qualifiziert wird, so entsteht eine „Pattsituation". Wer erhält in diesem Fall den Bonus dieser Stufe? Es gibt verschiedene Möglichkeiten einer für beide positiven Regelung. Einige Vergütungspläne sehen für diesen Fall gar keine Auszahlung vor: Die Firma kassiert einfach diesen Betrag.

e) Die Kompressionsrechnungen können erst nach Abschluss des Buchungsmonats erfolgen, weil sie den letzten Auftrag berücksichtigen müssen (auch die letzte Stornierung oder Rücklieferung). Nur so ist eine buchhalterisch saubere Rechnung möglich. Die Daten liegen normalerweise am zehnten Arbeitstag des Folgemonats vor. Dann erfolgt bei gut geführten Unternehmen in der Regel auch die Provisionsberechnung und umgehend die Provisionsüberweisung, meist nach alter Sitte noch „Scheck" genannt. Einige Firmen lassen die Kompressionsergebnisse erst für den Folgemonat gelten, das bedeutet, für die Umsätze aller Kunden, die erst durch die Kompression in die Payline aufgerückt sind, wird keine Provision bezahlt. Wenn diese Kunden im Folgemonat nicht bestellen oder im Folgemonat die Downliner der Payline alle bestellen, also eine

Kompression nicht erfolgt, so erhält man für die Umsätze die-0ses Partners überhaupt keine Provision. Auch in diesem Fall wird verdiente Provision nicht ausbezahlt sondern trickreich weggezaubert.

f) Leasingverträge werden beim Autobonus auf den Networker abgeschlossen, nicht auf die Firma. Wenn aus irgendeinem Grund der Pay-Level unter den Pin-Level sinkt, entfällt der Autobonus. Der Networker trägt dann die Leasingkosten selbst während gleichzeitig sein Provisions-Einkommen sinkt. Wenn die Ursache völlig außerhalb der Verantwortung des Networkers liegt (siehe oben unter c), so ist dies besonders frustrierend. Der Autobonus sollte eigentlich motivieren und zur Leistung anspornen. Hier bewirkt er das Gegenteil und führt zu Frust und Verärgerung.

Diese wenigen Beispiele sollen nur veranschaulichen, dass man sich vor Vertragsabschluss eingehend mit der Firma und den Regelungen des Vergütungsplanes befassen sollte. Dadurch kann man vermeiden, dass man wie auf Kaffeefahrt „über den Tisch gezogen" wird.

7.3 Nebenkosten in den einzelnen Firmen

Einige Firmen führen in den Regeln für die Zusammenarbeit mit den Vertriebspartnern eine Reihe von kostenpflichtigen Positionen ein, die nicht unbedingt den Usancen des hanseatischen Kaufmannes oder betriebswirtschaftlichen Notwendigkeiten entsprechen. Einige Unternehmen entfalten eine große Kreativität, solche Geldquellen zu erfinden, die eigentlich in einem Lieferanten-Kundenverhältnis ungewöhnlich sind. Damit wird ein Teil des verdienten Einkommens den Vertriebspartnern wieder entzogen.

Dies ist nicht bei allen Network-Marketing Firmen der Fall, aber diese Praxis ist in den klassischen Vertriebsformen sehr ungewöhnlich und nur höchst selten anzutreffen. Die häufigsten Kostentreiber dieser Art sind:

- Gebühren für die Führen eines Kontos für den Vertriebspartner
- Nutzungsgebühr für eine personalisierten Webseite, die erheblich über den Gebühren üblicher Internetprovider liegt,

- Teure Pflichtseminare für die Erreichung bestimmter Ränge. Dabei verdienen sich oft Führungskräfte oder das Unternehmen ein Zubrot. Die Kosten liegen gelegentlich über den Seminarkosten, die freie Trainer berechnen.
- Verkauf von Werbeschriften zu Preisen, die erheblich über den Selbstkosten liegen.
- Gebühren für Nutzung von EDV-gestützten Hilfssystemen.
- Gestaffelte Rabatte bei unterschiedlichen Mengenabnahmen. Dadurch wird ein verdeckter Druck auf die Abnahme größerer Mengen ausgeübt.
- Bearbeitungsgebühren für die Anlage eines neuen Kunden.
- Freischaltungskosten für besondere Programmteile
- Eintrittsgelder für Neueinsteiger, die gelegentlich als „Franchisegebühr" bezeichnet werden, obwohl der Vertriebspartner im Network-Marketing keinen Franchisevertrag abschließt und auch keine dem Franchise vergleichbare Rechtsstellung einnimmt.
- Laufende Jahres-„Gebühren", für die das gleiche gilt.

Zum Thema „Franchise" sei noch angemerkt, dass zwischen diesem und dem Network-Marketing gravierende Unterschiede bestehen, die in den jeweiligen Funktionen der Unternehmensformen begründet sind. Im Franchise werden komplette Unternehmenskonzepte weiter gegeben, die von den Franchisenehmern angewandt und in ihrer Region umgesetzt werden. Ein wesentliches Element ist dabei der Gebietsschutz, der dem Network-Marketing in der Praxis völlig fremd ist. Dabei werden meist Leistungen erbracht in Form von Produktion, handwerklicher Herstellung und Dienstleistung oder Ladenkonzepte übernommen. Im Network-Marketing finden all diese Funktionen in der Regel nicht statt, da es sich in fast allen Fällen um reine Direktvertriebe handelt. Bei einigen Network-Marketing-Unternehmen wird zwar aktiv verkauft, bei den meisten werden nur Verkäufe vermittelt und bei wenigen werden nur Produkte empfohlen ohne dass irgendeine Verkaufshandlung vorgenommen wird. Der Networker nimmt andere unternehmerische Funktionen wahr als der Franchisenehmer. Insbesondere bei der Nutzung von Know How, das der Franchisegeber zur Verfügung stellt, liegt eine andere Qualität vor als im Network-Marketing. Hier findet zwar auch ein Know How-Transfer statt, aber dieser bezieht sich auf allgemein zugängliche

Methoden des Direktvertriebs, die der Networker auch in jedem freien Seminar eines Network-Marketing Trainers erwerben kann. Im Franchise dagegen wird spezielles Know How, das der Franchisegeber erarbeitet und oft mit gewerblichen Rechten geschützt hat, übertragen. Dieses Know-How darf auch nur während der Gültigkeit des Franchisevertrages genutzt werden. Diese Situation ist eine völlig andere als im Network-Marketing.

Einige Anbieter im Network-Marketing sprechen daher heute von der Vermittlung von „Fertigexistenzen". Das trifft die Sache und die Bedürfnisse der Menschen, die eine Chance zur Existenzgründung suchen, aber nicht wissen, was sie machen sollen, um sicher erfolgreich zu werden. Eine „Fertigexistenz" im Network-Marketing kann eine erfolgversprechende Möglichkeit sein.

7.4 Gefahr bei Vorauszahlungen

Im Network-Marketing wird in der Regel vor Lieferung abgebucht. Das ist grundsätzlich akzeptabel und heute weit verbreitete Praxis, wenn die Abbuchung unmittelbar vor Lieferung erfolgt. Gewarnt werden muss aber vor der Praxis mancher Firmen, bei Bestellung bereits Vorauszahlung zu verlangen, obwohl die Lieferung erst in einigen Wochen erfolgen soll. Dies wird z.B. bei individuell angefertigten Gütern verlangt. Wenn das Unternehmen in finanzielle Nöte kommt, haben die Kunden i.d.R. ihre Vorauskasse verloren.

Nach schlimmer wird es, wenn der Networker in einem solchen Fall als Einzelhändler fungiert, also kauft und verkauft. In diesem Fall trägt er den Schaden, wenn er von seinen Kunden in Haftung genommen wird, denn er hat die Zahlung angenommen, weitergeleitet, schuldet die Lieferung und kann sich bei dem zahlungsunfähigen (oder unwilligen Lieferanten) nicht befriedigen.

Ebenso zahlen gelegentlich Unternehmen im Reklamationsfall nicht Geld, sondern sie geben „Gutschriften" für eine spätere Belieferung. Auch diese zweifelhafte Praxis lässt auf akute Finanzschwäche schließen – also Vorsicht!

7.5 Welcher Vergütungsplan ist der beste? – Ein Fazit.

Oft wird die Frage gestellt, welcher Vergütungsplan der „beste" sei. Deshalb werden im Folgenden einige Aspekte zur Beurteilung genannt.

Gut ist ein Vergütungsplan immer dann, wenn er die individuellen Ziele des Networkers unterstützt. Der Vergütungsplan muss eine gute Leistung auch wirklich gut bezahlen. Er muss die Aufbauarbeit eines Netzwerkes belohnen. Dazu ist ein ausschließlich leistungsabhängiges passives Einkommen bestens geeignet. Für die Entlohnung der aktiven Verkaufsarbeit ist eine gute, direkte Provision geeignet Diese beiden Komponenten des Vergütungsplanes müssen sich harmonisch ergänzen. Sie sollen nicht durch ein Netz komplizierter Nebenregelungen unübersichtlich gemacht werden. Networker wollen sich auf ihre Hauptarbeit konzentrieren:

Die Gewinnung neuer Partner!

Sie wollen nicht mehrmals im Monate überprüfen müssen, ob sie auch alle Nebenbedingungen einhalten, damit sie am Monatsende tatsächlich den verdienten Provisionsscheck auch erhalten.

Wirklich gut ist ein Vergütungsplan, der in der Breite völlig offen ist, der die Teambildung in die Tiefe fördert durch eine auf die zweite oder dritte Ebene zentrierte Provisionsabstufung und der wenigstens bei fortgeschrittenem Teamaufbau eine Vergütung in die „unendliche Tiefe“ zulässt. Dies ist meist nur bei einem Hybridplan möglich. Wichtig ist bei dem Vergütungsplan, dass er „mittelstandsfreundlich“ ist. Er soll weder die Anfänger noch die Großverdiener unter den Führungskräften begünstigen, sondern den gesunden Mittelbau, den die dynamischen, aufbauwilligen Networker bilden, die auf der Schwelle vom neben- zum hauptberuflichen Networker stehen. Diese Gruppe ist für das Unternehmen besonders wertvoll und sollte daher auch besonders gefördert werden.

Es gibt keinen sachlichen Grund für die Einengung der Freiheitsgrade beim Aufbau einer Downline solange diese dazu beiträgt die Umsatzziele des Unternehmens zu unterstützen. Aus diesem Grund rate ich zu großer Skepsis gegenüber allen Vergütungsplänen, die diese Freiheitsgrade mit den oben beschriebenen „Spielchen“ einengen und dadurch die Einkommenschancen der Vertriebspartner beschneiden.

Von sehr zweifelhaftem Wert sind aus Sicht des Networkers auch alle Nebenregelungen, die die klare Aussage eines Vergütungsplanes verschleiern. Wenn die im Firmenprospekt genannten Beispiele für Vergütungen zumindest im unteren Drittel der Karriere-Leiter nicht sofort verständlich sind, sondern umfangreicher Erklärung bedürfen, dann gilt der Rat „Finger weg!“ Es gibt keine betriebswirtschaftlichen Notwendigkeiten, um in eine einfache Provisionsregelung komplizierte Nebenbedingungen einzubauen. Wenn sie dennoch vorkommen, sollte man sie sich erklären lassen. Im Vergütungsplan konkretisieren sich die Zielsetzungen der Unternehmensleitung soweit es ihren Umgang mit den Vertriebspartnern, die alle auch gleichzeitig Kunden des Unternehmens sind, betrifft. Welches Kundenbild, welches Menschenbild darf man annehmen, wenn im Vergütungsplan Regelungen versteckt sind, die den Vertriebspartner um einen Teil seines Lohnes bringen und die den Kunden um einen Teil der ausgelobten Rückvergütung prellen?

Strafrechtlich mag dies weitgehend unterhalb der Rechtswirkungen des § 263 StGB liegen,[40] aus Sicht der Unternehmensethik ist es inakzeptabel und vom Standpunkt guter Unternehmensführung verwerflich. Dennoch haben Unternehmen die Freiheit, Regelungen, die für ihre Geschäftspartner ungünstig sind, einzuführen. Niemand ist schließlich gezwungen, mit diesen Firmen zu arbeiten.

Ein gutes Unternehmen hat auch einen guten, fairen Vergütungsplan. Im Network-Marketing gibt es zahlreiche gute, faire und ethisch akzeptabel arbeitende Unternehmen. Niemand ist genötigt, bei einem anderen Unternehmen mit unvorteilhaften und teilweise bedenklichen Regelungen sein Glück zu versuchen. Der Markt ist offen, die Nachfrage nach Networkern größer als das Angebot, so dass ernsthaft Interessierte mehr als nur eine gute Chance finden können – wenn sie nicht auf das erste Angebot anspringen.

Für die Entscheidung, eine Unterschrift zu leisten, ist nicht derjenige verantwortlich, der ein Formular auf den Tisch legt, sondern derjenige, der den Schreibstift führt! Hoffentlich bleibt uns die Freiheit, diese Entscheidung auch für ein Network-Marketing-Unternehmen zu nutzen, noch lange erhalten. Sehr viele Menschen können hier eine neue berufliche Orientierung und eine wirklich gute Chance zur Absicherung ihres Lebensunterhaltes finden.

Für Sponsoren:

Jeder kann
die Kerne in einem
Apfel zählen,

aber keiner
die Äpfel
in einem Kern

Gabi Steiner[41]

8. Warum sollten SIE sich im Network-Marketing betätigen?

Bevor sich jemand im Network-Marketing engagiert, sollte er sich –wie auch in allen anderen Betätigungsfällen- über seine Motive, Ziele und Absichten klar werden. Nur wer weiß, was er wirklich will, kann seine Ziele konsequent und erfolgreich anstreben und verwirklichen. Auf keinen Fall sollte man „einfach so" in ein Network-Marketing Abenteuer hineinschliddern, weil es von einem lieben Menschen, mit dem man befreundet oder gut bekannt ist, vorgeschlagen wird. Ebenso wenig darf man sich von der Erwartung leiten lassen, mit ein paar Empfehlungen über Nacht zum Millionär zu werden. Immer, wenn solche Hoffnungen (beabsichtigt oder unbeabsichtigt) geweckt werden, ist eine Portion Unseriosität bei dem Anwerbenden im Spiel, denn Network-Marketing ist –wie auch alle anderen unternehmerischen Veranstaltungen – keine Quelle, aus der ohne Arbeit und gezielte Anstrengung große Einkommen generiert werden können.

Das Network-Marketing hat einerseits sehr gute Zukunftsaussichten, andererseits ist es eine unternehmerische Vertriebsform, in der Aufwand und Ertrag eng miteinander verknüpft sind. Nur derjenige, der Leistung erbringt wird auch entlohnt. Verschenkt wird im Network-Marketing ebenso wenig wie in allen anderen unternehmerischen Vertriebsformen! Aber in einem Network-Marketing-Unternehmen sind die Chancen für alle Networker, hohe Einkommen zu erzielen, gleich groß. Die Höhe des Einkommens aus dem Network-Marketing wird weder von der Ausbildung, dem Alter, Stand, beruflichen Werdegang oder dem bisher erreichten Status bestimmt, sondern einzig und allein von der Fähigkeit und dem Einsatz, für das Partnerunternehmen Umsätze zu generieren. Dieses banale Grundprinzip unterscheidet das Network-Marketing von den meisten anderen Vertriebsformen. NWM bietet daher auch für alle Menschen, die bei traditionellen Unternehmen keine Chance haben, als Verkäufer eingestellt zu werden, eine faire Erfolgschance. Sogar dann, wenn bisherige Versuche im Network-Marketing bei einer anderen Firma nicht erfolgreich waren.

Vor dem Erwerb eines Starterpaketes ist es von großer Bedeutung, die eigene Bedürfnis- und Ziellage zu klären. Danach gibt es nur einen Weg erfolgreich zu sein: Engagement für die eigene Firma!

8.1 Ziele von Networkern

Durch eine Umfrage unter aktiven Networkern hat Professor Zacharias von der FH Worms im Jahre 2005 die Ziele, die individuell verfolgt wurden, ermittelt[42]. Die folgende Tabelle zeigt die acht wichtigsten Motive für den Berufseinstieg von Networkern:

1. Verdienstaussichten
2. Zusätzliches Einkommen
3. Begeisterung für die Produkte
4. Persönlicher Gebrauch der Produkte
5. Freie Zeiteinteilung
6. Eigene Existenz aufbauen
7. Möglichkeit, von zuhause aus zu arbeiten
8. Persönliche Weiterentwicklung

Alle diese Punkte waren den Befragten „sehr wichtig". Eine der erfolgreichsten deutschen Networkerinnen, Gabi Steiner, hebt in Ihrem sehr anschaulich geschriebenen Buch „Von Mensch zu Mensch" einen ganz besonders wichtigen Aspekt hervor. Sie fragte sich:

> *„Was ist, wenn ich einmal krank werde? Oder einfach keine Lust mehr habe, zu arbeiten?"*[43]

als ihr bewusst wurde, dass sie in ihrem damaligen Beruf immer nur Zeit gegen Geld getauscht hatte. Network-Marketing erschließt mit der Möglichkeit, ein passives Einkommen aufzubauen, völlig neue Aspekte des Arbeitslebens in eigener Selbstverantwortung. Deshalb ist die Selbständigkeit für viele Networker, insbesondere für diejenigen, die Network-Marketing hauptberuflich betreiben möchten, ein besonders hoher Wert und ein Ziel mit enormer Motivationskraft.

Paula Pritchard ermutigt angehende Networker zum Träumen:

> *„Ihre Karriere im Network-Marketing sollte mit der Entdeckung Ihrer Träume beginnen und mit deren Erfüllung enden! Das ist die Erfolgsspirale."*[44]

Träume sind eine gute Grundlage für Ziele, ohne selbst den Charakter eines Zieles zu haben. Ziele sind Traumerfüllungen mit einer festen Terminsetzung. Ziele sind etwas fassbares, sie dürfen daher auch nie im Konjunktiv formuliert werden, sondern immer nur als Feststellung der Zielerreichung, etwa in der Formulierung: „Am 30. Juni 2010 haben wir unser neues Haus bezogen!“, wenn die Erfüllung des Traum vom eigenen Heim das Ziel ist.

In der Praxis wird die „finanzielle Unabhängigkeit“ oft als Ziel genannt. Viele Menschen verstehen darunter, dass sie einen bestimmten, meist für ihre Begriffe sehr hohen Betrag ihr Eigentum nennen. Dies wirft die Frage auf, „Wann ist ein Mensch finanziell unabhängig?“

Abgesehen davon, dass zehn Menschen hinsichtlich des Betrages zehn verschiedene Antworten geben werden, ist allen gemeinsam, dass dieser Betrag, der monatlich verfügbar sein soll, unbeeinflusst von äußeren Faktoren, Kündigungen, Insolvenzen oder anderem Ungemach jeden Monat verfügbar ist dadurch, dass er mit Monatsbeginn dem Konto gutgeschrieben wird. Ein Staatsbeamter beispielsweise ist in diesem Sinne finanziell unabhängig, denn auch nach seiner Pensionierung überweist ihm der Staat jeden Monat einen festen Geldbetrag bis an sein Lebensende als Pension. Jeder Bezieher einer festen Leibrente ist in diesem Sinne finanziell unabhängig, solange die Rente zuverlässig bezahlt wird und ihre Höhe zur Erfüllung seiner monatlichen Ansprüche ausreicht.

Gleiches gilt für Menschen, die aus Hauseigentum Miete beziehen, als Selbständige, als Gesellschafter eines Unternehmens oder als sonstige Kapitaleigner ein monatliches Einkommen aus Kapitalerträgen sicher beziehen können. Früher nannte man diese Menschen „Rentier“. Heute ist diese Position selten. Nachfolgend ein einfaches Rechenbeispiel zur finanziellen Unabhängigkeit:

Nehmen wir an, dass ein Mensch zur Deckung seiner persönlichen Ansprüche einschließlich seiner Familie 3.000 EUR pro Monat, im Jahr also 36.000 EUR netto benötigt. Unter Berücksichtigung von Steuern und anderen staatlichen Abgaben sind dies rund 50.000 EUR jährlich. Bei einer Verzinsung von fünf Prozent muss dieser Mensch über ein Kapital von 1.000.000 EUR verfügen, um dieses Einkommen nachhaltig realisieren zu können. In diesem Beispiel haben wir sowohl die möglichen Zinsschwankungen als auch die jährliche Geldentwertungsrate (Inflation) außer Betracht gelassen.

Wenn dieser Mensch in seinem Network-Marketing Unternehmen jährlich 50.000 EUR Einkommen erzielt, so hat dies den gleichen Effekt, als wenn er ein Kapital von einer Million EUR zu fünf Prozent Zinsen angelegt hätte. Dieses Beispiel lässt sich für jeden Betrag einfach umrechnen. Es zeigt, welch einen hohen Wert ein Network-Marketing Engagement haben kann. Zacharias hat die Einkommen im Network-Marketing untersucht und festgestellt, dass 35 Prozent der hauptberuflich im Network-Marketing tätigen Networker mehr als 50.000 EUR jährlich verdienen. Weitere achtzehn Prozent verdienen zwischen 25.000 und 50.000 EUR pro Jahr.[45] Selbst von den nebenberuflich tätigen Networkern liegt bereits knapp ein Fünftel in diesen Einkommenskategorien.

Die Ziele von Networkern werden aber nicht nur in finanzieller Dimension beschrieben. Bedeutend wichtiger sind Dimensionen wie die persönliche Unabhängigkeit oder die Freiheit, persönliche Wünsche mit familiären Ansprüchen und der Notwendigkeit der materiellen Absicherung der Lebensgrundlagen gleichrangig zu vereinbaren. Networker wollen nicht weiterhin nur ihre Zeit, die immer begrenzt bleibt, gegen Geld tauschen und dabei um den Stundenpreis feilschen müssen. Diese Zielsetzungen sind jedoch bei allen Networkern unterschiedlich und unterschiedlich stark ausgeprägt. Dies offenbart eine große Schwierigkeit, allgemeine Aussagen über die Zielsetzungen von Menschen im Network-Marketing zu machen, es zeigt aber auch eindrücklich die Größe der Chancen, die sich für sehr viele Menschen im Network-Marketing bieten können.

Die Ziele von Networkern werden aber nicht nur in finanzieller Dimension beschrieben. Bedeutend wichtiger sind Dimensionen wie die persönliche Unabhängigkeit oder die Freiheit, persönliche Wünsche mit familiären Ansprüchen und der Notwendigkeit der materiellen Absicherung der Lebensgrundlagen gleichrangig zu vereinbaren. Networker wollen nicht weiterhin nur ihre Zeit, die immer begrenzt bleibt, gegen Geld tauschen und dabei um den Stundenpreis feilschen müssen. Diese Zielsetzungen sind jedoch bei allen Networkern unterschiedlich und unterschiedlich stark ausgeprägt. Dies offenbart eine große Schwierigkeit, allgemeine

Aussagen über die Zielsetzungen von Menschen im Network-Marketing zu machen, es zeigt aber auch eindrücklich die Größe der Chancen, die sich für sehr viele Menschen im Network-Marketing bieten :

Freiheit und Selbstverantwortung leben zu können.

Damit ist nicht nur ein Stück Selbstbestimmung erreicht, sondern diese absolut verwirklicht. Networker gehören, wie der Buchtitel von Paula Prichard besagt, sich selbst, sie bestimmen sich selbst, sie setzen die Ziele und Erfolgsmaßstäbe für ihr eigenes Leben! Wer kann dies in anderen Berufen von sich sagen?[46]

8.2 Bestimmen SIE Ihre Ziele

Welche Ziele SIE im Network-Marketing erreichen wollen, richtet sich nach den Zielvorstellungen, die Sie für Ihr Leben haben. Wenn Sie keine Ziele für Ihre Lebensplanung setzen, dann tun es andere, dann sind Sie den Zielsetzungen anderer Menschen ausgeliefert. Wer immer dies auch sein mag, er kennt ihre Träume nicht und misst ihnen auch keine Bedeutung zu. Jeder andere Mensch verfolgt seine eigenen Ziele. Sie sind nur ein Baustein für sein Zielgebäude, den er nach seinen Vorstellungen in das Gebäude einfügt. Wollen Sie das?

Wenn Sie mit dieser Perspektive zufrieden sind, dann können Sie die Lektüre dieses Buches hier beenden, dann müssen Sie auch keine besonderen Anstrengungen im Network-Marketing unternehmen, denn dann können sie mit dem zufrieden sein, was ein anderer Mensch für Sie vorgesehen hat. Diese Situation beschreibt Burke Hedges in seinem Buch „*Ihr Weg in die Unabhängigkeit*“ sehr deutlich[47]. Sollten Sie eines Tages unzufrieden sein über Ihr Leben und das, was Sie erreicht haben, dann beschweren Sie sich bei dem einzigen, der dafür die Verantwortung trägt. Sie finden ihn überall, wo ein blankes Metall oder eine rückseitig versilberte Glasscheibe zu finden ist: Schauen Sie in den Spiegel – dort sehen Sie den einzigen, der für Ihre Zielplanung und die Erreichung Ihrer Ziele alleine verantwortlich ist![48]

> *„Es war einmal ein vorsichtiger Mann, der niemals lachte oder spielte, nichts riskierte, nichts probierte, niemals sah man ihn singen oder beten. Als er eines Nachts starb, zahlte auch*

die Versicherung nicht, da er nicht richtig gelebt hatte, so sagten sie, sei er auch nie gestorben!"

Hedges wurde als Sohn eines Unternehmers auf Kuba geboren, wuchs aber nach der Flucht seiner Familie in den USA auf und entwickelte dadurch ein sehr bewusstes Gefühl für Freiheit und Marktwirtschaft. Daher empfiehlt er jedem, der mit seiner beruflichen Situation unzufrieden ist die nachfolgende Erklärung"[49].

Persönliche Unabhängigkeitserklärung

Wenn es im Zuge der Entwicklung eines Menschen notwendig wird, die wirtschaftlichen Bande zu lösen, die uns mit hoffnungslosen Arbeitsplätzen und nicht gewünschten Vorgesetzten verknüpft haben, erfordert dies, dass wir in der Marktwirtschaft nach hervorragender Qualität, persönlicher Selbsterfüllung und finanzieller Unabhängigkeit streben.

Folgende Wahrheiten erachte ich als selbstverständlich:

- Die Marktwirtschaft ist nicht einem Geschlecht, einer Rasse oder Religion vorbehalten.
- Ich bin von Gott mit gewissen Talenten und Fähigkeiten ausgestattet worden, die ich benutzen sollte.
- Dazu gehören auch die Fähigkeit zu denken, träumen, lernen, handeln und glauben.

Daher tue ich feierlich kund, dass ich von diesem Tag an meinen eigenen freien Willen einsetzen werde, um mein gesamtes Potential zu entfalten und mein eigenes Unternehmen zu gründen und zu führen.

______________________ ______________________

Datum, *Unterschrift*

Abb. 10 Persönliche Unabhängigkeitserklärung nach Burke Hedge

8.3 Vom Wunsch zum Ziel und Erfolg!

Ziele werden von unseren Wünschen bestimmt. Wünsche sind meist unbestimmt, vage, vor allem aber zeitlich nicht genau fixiert. Wünsche können nur durch konkrete Formulierung und schriftliche Fixierung zum Ziel werden. Solange dies nicht geschehen ist, haben sie noch den unverbindlichen Status eines Wunsches oder gar eines Traumes. Viele Menschen verträumen ihr Leben statt durch klare Zielsetzungen die Voraussetzungen dafür zu schaffen, dass sie ihre Träume leben können. Aber auch eine Zielsetzung allein ist noch nicht ausreichend. Die meisten Ziele bedürfen zu ihrer Erreichung eines längeren Zeitraumes, in dem Zwischenziele durch Meilensteine gekennzeichnet werden. Von Meilenstein zu Meilenstein nähert man sich dem Ziel etappenweise.

In der unternehmerischen Praxis nennt man dies Planung, im vorliegenden Fall Zielplanung. Das Endziel wird in Zwischenziele aufgeteilt, die durch markante Ereignisse gekennzeichnet sind. Im Network-Marketing ist dies rein äußerlich die Karriereleiter des Vergütungsplanes, das heißt die Abfolge der einzelnen Karrierestufen. Für die Erreichung jeder Karrierestufe ist ein bestimmtes Umsatzvolumen (Persönliches und Gruppenvolumen) vorgegeben. Zur Erreichung dieser Umsatzziele ist es notwendig eine bestimmte Kundenzahl zu gewinnen. Diese Umsatzmarken sind die Zwischenziele für die Erreichung des Endzieles, wenn dieses (hilfsweiße) als Rang im Karriereplan formuliert wird. Natürlich ist die Erreichung einer bestimmten Position im Network - Karriereplan kein absolutes Ziel, aber die Position umschreibt auch immer ein gewisses Einkommensniveau, das Voraussetzung ist, um das echte Ziel zu realisieren.

Sehr bewährt hat sich in der Praxis die Visualisierung der Ziele in einer sogenannten „Zielcollage“. Die Zielvorstellung wird visualisiert und als Bild so aufgehängt, dass man es mindest einmal täglich sieht.

Wenn jemand zusätzlich zu seinem bisherigen Monatseinkommen 1.500,- EUR pro Monat benötigt, um beispielsweise ein Eigenheim erwerben zu können, so kann ein Bild des Traumhauses in Verbindung mit dem Datumsblatt des geplanten Einzugstermins dieses Ziel symbolisieren. Der Vergütungsplan gibt Auskunft, mit welcher Karrierestufe nachhaltig der benötigte Betrag erwirtschaftet werden kann. Diese Karrierestufe umschreibt nun das Ziel „Eigenheim“. In der Zielcollage wird der Pin des Ranges neben das Haus geklebt, um diesen Zusammenhang symbolisch zu erfassen und sich einzuprägen.

Nachhaltigkeit bedeutet, dass für viele Jahre dieser Betrag monatlich fließen muss, um die Belastung für das Eigenheim bis zum letzten Schuldeneuro abtragen zu können. Nachhaltigkeit bedeutet aber auch, dass das Partnerunternehmen in einer sehr guten wirtschaftlichen Situation sein muss, da es noch viele künftige Jahre in der Lage sein soll, die Einkommenszahlung für den Networker zu sichern. Dies setzt heute eine gute Finanzverfassung des Unternehmens voraus, die im „Rating“ des Unternehmens ausgedrückt wird. Vor allem aber erfordert es eine zukunftsfähige Produktpalette. Darüber hinaus muss das Unternehmen in der Lage sein, durch Forschung und Entwicklung neuer Produkte beziehungsweise Weiterentwicklung bestehender Produkte auch in vielen künftigen Jahren eine führende Position im Markt zu behaupten. Es ist offensichtlich, dass diese Anforderungen nicht alle Unternehmen im Network-Marketing erfüllen können. Die Auswahl des richtigen Unternehmens ist daher eine der wichtigsten Aufgaben für den Erfolg des Network-Engagements.

Die zweite Hauptaufgabe ist es, sich mit dem Vergütungsplan und seinen Nebenbestimmungen intensiv vertraut zu machen. Eine sinnvolle Planung erfolgt immer in logischen Schritten, das heißt von Teilziel zu Teilziel aufbauend. Im Network-Marketing ist es meist ausreichend, in Etappen von sechs Monaten monatliche Teilziele zu formulieren und diese wenigstens im ersten Halbjahr mit dem Sponsor, der in dieser Zeit die wichtige Aufgabe des Coachs wahrnehmen möchte, zu besprechen und abzustimmen. Monatsetappen sind sinnvoll, weil die meisten Firmen monatliche Provisionsabrechnungen erstellen und somit ohne einen größeren eigenen Verwaltungsaufwand die selbst gesetzten Zielstellungen laufend überprüfen zu können. Engagierte Networker, die im Network-Marketing ihre künftige Haupteinnahmequelle sehen, streben in den ersten sechs bis zwölf Monaten den Aufstieg in eine Führungsposition an, um sich dadurch ein stabiles passives Einkommen zu sichern.

Die Aktivitäten in dieser ersten Aufbauphase sind:

- Anlegen der Liste potentieller Interessenten (Namensliste).
- Planung des Zeiteinsatzes und der Kontaktschritte.
- Nutzung der Produkte, um eigene Erfahrungen zu sammeln, ohne die Network-Marketing nicht funktionieren kann, und ohne die Empfehlungsmarketing schlicht unmöglich ist.
- Regelmäßige Besprechungen mit dem Sponsor (Coaching).
- Teilnahme an den Ausbildungen der Upline und des Unternehmens.
- Lektüre von Fachbüchern, CD und Branchenzeitschriften.
- Monatliche Erfolgskontrolle (Planung, Termine, Erfolge).

Das Empfehlungsmarketing an sich ist sehr einfach. Auf Grund der eigenen guten Erfahrungen kann man gegenüber jedermann positive Berichte und Statements abgeben, wenn dafür Interesse bekundet wird. Die wichtigste Aufgabe für Networker ist es, die Gelegenheiten für ein Gespräch unaufdringlich herbei zu führen. Über die Wege und Methoden gibt es zahlreiche sehr gute Bücher und Leitfäden von erfahrenen und erfolgreichen Network-Marketing-Praktikern, die sich überwiegend in der Literaturliste im Anhang finden, deshalb wird dieser Aspekt hier nicht weiter vertieft. Für die Verhältnisse in Deutschland sind insbesondere die Bücher der deutschen Autoren zu empfehlen, da auf Grund der Mentalitätsunterschiede zwischen Deutschen und Amerikanern eine direkte Übertragung der amerikanischen Erfolgsrezepte nicht immer sinnvoll ist. Die aufgeführten Bücher enthalten viele nützliche Anregungen. Sowohl zu den Vertriebsmethoden wie auch zu den Sachinhalten der einzelnen Branchen gibt es ausgezeichnete Hörbücher in Form von CDs, die gut geeignet sind, die vielen Autofahrten zur Weiterbildung zu nutzen.

Die größte Gefahr für Starter im Network-Marketing sind am Anfang die unausweichlichen Misserfolge, die dann eintreten, wenn sich Freunde und Bekannte, die man für die Geschäftsidee gewinnen möchte, gar nicht für diese interessieren. Noch unangenehmer sind Zurückweisungen, weil die Gesprächspartner Network-Marketing mit einem Schneeballsystem gleichsetzen und daher ablehnend reagieren. Diese Fälle sollte man immer mit dem Sponsor oder einem noch erfahreneren Upliner besprechen. Es gibt vorzügliche Werkzeuge (Bücher, Fachzeitschriften, CDs) mit denen alle Einwände ausgeräumt werden können, wenn der Gesprächspartner bereit ist, ein echtes Gespräch zu führen. In vielen Fällen ist es klüger eine strittige Diskussion zu vermeiden und später noch einmal das Gespräch zu suchen, wenn die eigenen Erfolge eine klare Sprache sprechen. Gabi Steiner nennt dieses Vorgehen „Schneckentechnik".50

Wer mit einem Unternehmen zusammen arbeitet, bei dem der aktive Produktverkauf stärker im Vordergrund steht, der wird vor allem Produkte anbieten und so Kunden gewinnen. Aus diesen Geschäften realisiert er einen Gewinn in Form der Handelsspanne. Soweit sie direkt als Verkäufer tätig sind, tauschen sie weiterhin Zeit gegen Geld. Viele Unternehmen, die Produkte des täglichen Bedarfs anbieten, ermöglichen ein Abonnement der Produkte, so dass sich ein laufendes Geschäft aufbaut, das zu festen monatlichen Umsätzen führen kann. Akquisition und Kundenbetreuung gestalten sich sehr ähnlich dem klassischen Verkauf allerdings ohne ein Ladengeschäft, da die Verkaufsgespräche im Haus der geführt werden.

Diese Tätigkeiten erfordern eine detaillierte Zeit- und Einsatzplanung, die mit Disziplin umgesetzt werden muss. Ohne beides verliert man leicht die Übersicht über sein Geschäft, vor allem, wenn dieses rasch wächst und auch die Downlines sich rasch entwickeln.

8.4 Wer hat die Verantwortung für die Erreichung des Zieles?

Viele Networker haben keinen optimalen Start und sind relativ schnell frustriert. Dies erklärt zu einem gewissen Grad, warum viele Networker nach wenigen Monaten wieder aufgeben. Leider gibt es keine belastbaren statistischen Erhebungen zu dieser Frage, wie an anderer Stelle schon dargelegt wurde. Ein Teil derjenigen, die wieder aufhören, ist nicht von den Produkten überzeugt oder nicht bereit, die Preise zu bezahlen. Das ist im Network-Marketing nicht anders als in jedem anderen Geschäft. Ein Teil wechselt nur das Unternehmen. Solange noch keine Downline aufgebaut wurde, ist dies auch ohne Verluste möglich, vor allem dann, wenn keine oder nur sehr niedrige Eintrittsgelder bezahlt werden mussten.

In anderen Fällen hören die Anfänger auf, weil sie unzufrieden sind insbesondere mit der Betreuung durch Unternehmen, Upline und Sponsor. In allen Fällen fallen kritische Bemerkungen zum Unternehmen, zu Produkten und Vergütungsplan aber auch über Sponsor und Upliner. Richten sich diese Kritiken an die richtige Adresse?.

Im Einzelfall mag die Kritik berechtigt sein. Es gibt Sponsoren, die sich nach dem Einsammeln der Unterschrift gar nicht mehr um den neuen „Partner" kümmern, es gibt auch gelegentlich in jedem Geschäft Ärger mit einem misslungenen Auftrag. Ernster ist die Situation, wenn der neue Partner nach einigen Wochen oder Monaten feststellen muss, dass die Regelungen des Vergütungsplanes nicht zu seinem Vorteil arbeiten, sondern ihn massiv behindern oder sogar so wirken, dass er sich „betrogen" fühlt. Einige Network-Marketing-Unternehmen hatten in der Vergangenheit große Probleme mit der Fluktuation der Vertriebspartner, weil diese nach zwölf bis zwanzig Monaten aufgegeben haben. In großer Übereinstimmung wurde dann gesagt, man sei durch die Vorgaben des Vergütungsplanes in ein „Hamsterrad" gekommen, das schlimmer sei als der Stress in der alten Firma. Aber diese Vorfälle dürfen nicht verallgemeinert werden, sie trafen vor allem Firmen mit nicht zeitgemäßen Vergütungsplänen. Ausführlich hat Richard Poe dieses Thema in seinem Buch „Wave 4" beschrieben.[51]

Wer also ist grundsätzlich verantwortlich für den Erfolg und die Erreichung der von ihm selbst gesetzten Ziele im Network-Marketing?

Die gesamte Verantwortung für den Erfolg im Network-Marketing trägt der Networker selbst. Er hat sich entschlossen, in dieser Vertriebsform tätig zu werden. Niemand hat ihn dazu gezwungen. Er hat seinen Network-Partner ausgewählt. Vielleicht war er angesichts der Empfehlung durch einen Freund weniger kritisch als gut gewesen wäre, aber er hat geprüft und entschieden. Die allgemeinmenschliche Neigung, Fehler nur bei anderen zu suchen, kann und darf auch im Network-Marketing nicht akzeptiert werden. Wer selbstständig sein möchte, muss auch selbstverantwortlich handeln. Er muss selbst entscheiden und handeln und sich ständig der Folgen seiner Entscheidungen bewusst werden. Er erntet nur auf diesem Weg die Früchte seines Erfolges und verwandelt nur auf diesem Weg die Chancen in Erfolge. Dazu bedarf es keiner besonderen Fähigkeiten außer den Tugenden, die schon unsere Großeltern kannten: Pflichtbewusstsein, Eifer, Fleiß, Disziplin, Ehrlichkeit (auch zu sich selbst!), Beständigkeit und Ausdauer.

Wer mit diesen Eigenschaften an die Arbeit geht wird im Network-Marketing – wie überall -Erfolg haben. Wer glaubt, darauf verzichten zu können, wird auch im Network-Marketing keine Wunder erleben, sondern nur das Scheitern seiner Träume.

8.5 Die Rolle von Sponsor, Upline und Unternehmen

Das engste Verhältnis im Network-Marketing besteht zwischen einem Sponsor und den vom ihm direkt gesponserten Geschäftspartnern, seinen Firstlinern. Wesentliche Pflicht des Sponsors ist es, den neuen Vertriebspartner mit allen Aspekten des Geschäftes vertraut zu machen. Feinheiten in der Geschäftstaktik, Besonderheiten des Unternehmens, Details des Vergütungsplans und seiner Handhabung gehören zu diesen Themen. Diese kurzen Aufzählungen zeigen bereits, dass auch der Sponsor, der möglicherweise erst wenige Wochen Partner des Unternehmens ist, mit diesen Fragen überfordert sein kann. Er wird sich daher bei seiner Upline zu manchen Fragen informieren müssen, um seine Aufgabe erfüllen zu können. Dies führt zu einer engen Zusammenarbeit über mehrere Ebenen und zu intensiven Kontakten. So entsteht das vielstufige Netzwerk zwischen Menschen, die sich zuvor oft nicht kannten, die aber alle ein gemeinsames Ziel verfolgen: In der partnerschaftlichen Zusammenarbeit ihre beruflichen Ziele zu verwirklichen. Je mehr dabei der eine dem anderen hilft, umso größer ist seine eigene Chance, erfolgreich zu sein.

Je besser ein Sponsor seine Informations- und Ausbildungspflichten erfüllt, umso bessere Ergebnisse können in diesem Netzwerk, erarbeitet werden. Netzwerke gewinnen ihre Dynamik im wesentlichen durch die Gewinnung neuer Partner. Der Markterfolg des Unternehmens wird umso größer, je dynamischer der Netzwerksaufbau erfolgen kann. Diese Dynamik gründet besonders auf den Fähigkeiten der Führungskräfte, andere Menschen zu begeistern und für ihre Ziele zu gewinnen. Dabei sollten sie als Sponsor einige Grundwahrheiten und Regeln kennen und befolgen, die allgemein in der Menschenführung gelten und nicht nur im Network-Marketing:

- *Führe durch Vorbild.* Deine Partner machen nicht, was Du ihnen anrätst – sie machen das nach, was Du vormachst.
- *Arbeite duplizierbar.* Alles was vorgemacht wird, muss der Partner leicht (ohne technischen, finanziellen oder sonstigen Aufwand) nachmachen können.
- *Mache nichts, was der Partner selbst machen kann*! Die Partner haben das Privileg selbst zu arbeiten! Hilfestellungen am falschen Platz verhindern selbständiges Arbeiten.
- *Sei nicht hilfsbesessen!* Du kannst 1000 Menschen durch Dein Vorbild helfen, aber nur einen auf Deinem Rücken tragen!
- *Kläre zu Beginn, WARUM jemand im NWM starten möchte.* Ohne genaue Kenntnis der Motive des Partners redet man an ihm vorbei und demotiviert.
- *Zuhören!!!* Reden ist Silber – Schweigen ist Gold!
- *Wecke Neugier!* – Wer fragt, lernt mehr, als der, der gelangweilt einen Vortrag hört.
- *Sage immer die Wahrheit!*

Das Unternehmen hat im Wesentlichen die Aufgabe, die Vertriebspartner mit hervorragenden Produkten und zuverlässigem Service zu unterstützen. Es muss sich ständig weiter verbessern und in jeder Hinsicht um Verbesserung seiner Angebote bemühen. Dabei gilt es zum einen die Führungskräfte optimal zu unterstützen, zum anderen aber auch der gesamten Vertriebsmannschaft immer wieder ein „Wir-Gefühl" zu vermitteln. Dabei kann das Unternehmen nicht Anordnungen geben, wie dies in klassischen Unternehmen der Fall ist, denn die gesamte Vertriebsmannschaft besteht nicht nur aus selbständigen Partnern, sondern diese sind zugleich der Kundenstamm des Unternehmens. Mit jedem Vertriebspartner, der sich vom Unternehmen abwendet, verliert es auch einen Kunden. Noch gravierender ist, dass nicht nur ein Kunde verloren geht, sondern ein Partner, der bisher das Unternehmen per Mundpropaganda weiterempfohlen hat und nun das Gegenteil sagt. Dies wirkt in seinem Bekanntenkreis besonders verheerend und hat eine größere Schadwirkung als der Verlust eines einzelnen Kunden.

Gute NWM - Unternehmen, sind gekennzeichnet durch:

- *Offenheit und Ehrlichkeit gegenüber den Partnern.*
- *Legale Regelungen, Einhaltung aller Rechtsnormen*
- *Transparenz in allen Unternehmensfragen.*
- *Einen ehrlichen, klaren, Vergütungsplan ohne Hinterhalte.*
- *Verzicht auf Eintrittsgelder, teure Pflicht-Seminare u.ä.*
- *Einfache, faire Rücknahmeregelungen.*
- *Qualifikationsumsatz nur in Höhe des*
- *Zeitgerechte Organisation (Telekommunikation, Internet, EDV-Abrechnungen).*
- *Aussagefähige Produktunterlagen über die gesetzlichen Deklarationsvorschriften hinaus (z.B. umfangreiche Angabe der Inhaltstoffe).*
- *Pünktliche Provisions- und Bonuszahlungen.*
- *Termintreue.*
- *Hervorragende, immer „empfehlenswerte“ Qualität.*
- *Zukunftsfähige Produkte*
- *Leistungsfähige Forschung und Entwicklung.*
- *Moderne Fertigungsanlagen*
- *wettbewerbsfähiges Preisniveau.*
- *Ein gutes* Rating und eine exzellente finanzielle Situation.

8.6 Die Hauptvorteile des Network-Marketing

Network-Marketing unterscheidet sich von allen anderen Formen der unternehmerischen Selbstständigkeit durch einige wesentliche Vorteile, die es vielen Menschen erleichtern, sich selbständig zu machen.

Zur Gründung eines Unternehmens benötigt man üblicherweise neben der Unternehmensidee, eine umfangreiche Berufspraxis, viel Erfahrung und hervorragende Branchenkenntnisse. Betriebseinrichtungen, Betriebsmittel und Werbung erfordern ein Startkapital, dessen Finanzierung vielen Existenzgründern unmöglich ist. Ab einem gewissen Alter finanzieren Banken eine Unternehmensgründung überhaupt nicht mehr. Der Start mit einem Franchiseunternehmen, bei dem eigene Berufserfahrung und Branchenkenntnis durch das Know How der Franchisezentrale ersetzt werden kann, ist leichter. Aber Franchise kostet Lizenzgebühren.

Network-Marketing ist der dritte Weg zum eigenen Unternehmen Auf diesem Weg kann man die in den beiden anderen Formen auftretenden Schwierigkeiten (fast) völlig vermeiden, weil das Network-Marketing folgende gravierenden Vorteile aufweist:[52]

- Es sind keine kapitalintensiven Investitionen notwendig,
- Es gibt weder ein Mindest- noch ein Höchstalter,
- Jeder, der im Network-Marketing starten will, kann dies ohne Zeugnis oder einen anderen Befähigungsnachweis,
- Qualifizierung erfolgt im Team des Sponsors mit Unterstützung der Upline. Es gilt, den Besten zu lernen!
- Network-Marketing ist eine Chance, die eigenen Talente und Begabungen voll zu entfalten,
- Im Network-Marketing ist die eigene Kraft leicht zu vervielfältigen, durch die „Macht der Duplikation",
- Obwohl der Networker selbständig ist, ist er nie alleine, denn sein Team unterstützt ihn.
- Die Arbeitszeit ist völlig frei einteilbar. Über Teilzeit- und Vollzeitbeschäftigung entscheidet man ganz alleine,

Network-Marketing gibt den Menschen die Freiräume zurück, die in der arbeitsteiligen modernen Wirtschaft verloren gegangen sind. Network-Marketing gibt wirklich jedem, der sich engagieren will, die Chance, das eigene Leben in die eigen Hände zu nehmen und sein persönliches Schicksal nicht, ins besondere sein Schicksal im Arbeitsleben, nicht der allgemeinen Fremdbestimmung zu überlassen.

Network-Marketing ist die echte Chance zur persönlichen Freiheit!

8.7 Was ist nun zu tun?

Die Grundlagen des Network-Marketing wurden hier dargestellt. Die rechtliche Beurteilung erlaubt zweifelsfrei eine Betätigung in diesem spannenden, expansiven Geschäftsfeld. Die wichtigsten Kritikpunkte am Network-Marketing wurden besprochen und die wichtigsten Kriterien für ein vertrauenswürdiges Network-Marketing Unternehmen beschrieben.

Mehrere Dutzend Unternehmen bieten in Deutschland attraktive Chancen für ein haupt- oder nebenberufliches Einkommen. Kein Unternehmen verteilt Geschenke. Jeden Monat kommen neue, teils ebenfalls attraktive Firmen, die in anderen Ländern erfolgreich sind, auf den deutschen Markt und bieten neue Chancen.

Es liegt bei Ihnen, verehrter Leser, ob Sie sich für eine Karriere im Network-Marketing entscheiden wollen. Ihr Wille, Ihre Zielsetzungen sind entscheidend für einen Start in diesem Beruf.

Fragen Sie sich:

- In welcher Branche möchte ich arbeiten ?
- Welche Produkte möchten Sie gerne betreuen ?

Prüfen Sie nun die Angebote und die möglichen Alternativen. Achten Sie dabei besonders auf das „Kleingedruckte" im Vergütungsplan und seinen Qualifikationsbedingungen.

Entscheiden Sie sich, ob Sie bereit sind für den Direktverkauf oder ob Sie lieber Empfehlungen weitergeben möchten, ohne aktiv zu verkaufen. Beides kann gute Chancen bieten, aber nicht für jeden Menschen, da die persönlichen Neigungen unterschiedlich sind.

Wählen Sie ein Unternehmen, das Ihnen vertrauenswürdig und zukunftssicher erscheint. Suchen Sie sich einen Sponsor, mit dem Sie zusammenarbeiten möchten.

Wenn Sie sich für eine Tätigkeit in diesem Vertriebsweg entschließen, dann starten Sie mit Freude und Elan. Dienen Sie den Menschen, die die Produkte Ihrer Firma kaufen möchten und beraten Sie diese ehrlich. Direktvertrieb lebt in allen seinen Spielarten, insbesondere auch im Empfehlungsmarketing nur von der Zufriedenheit seiner Kunden! Starten Sie und lassen Sie sich nicht in den ersten Wochen abschrecken, wenn nicht jeder, den Sie ansprechen, sofort Kunde werden möchte.

Zwei Entscheidungen verhindern den Erfolg im Network-Marketing zuverlässig:

- Nicht zu starten oder
- zu früh aufhören!

Zielstrebige, ehrliche Arbeit bringt auch in dieser Geschäftsmöglichkeit nachhaltigen Erfolg.

Für Ihren Start:

„Glück auf!"

Monographien zum Thema Network-Marketing, MLM, Empfehlungsmarketing

ALTHOFF, Anne: „Existenzgründung und Zweiteinkommen im Multi-Level-Marketing“, Campus-Verlag, Frankfurt 1997, ISBN 3-5933-5066-1

ANDERS, Wolfram: „Die Kraft von Network-Marketing – eine seriöse Vertriebsform für unternehmerisch denkende Menschen, 2004,

AVERILL, Marie und **CORKIN,** Bud: „Netzwerk-Marketing – Die Geschäfte der 90er Jahre“, C. Ueberreuter, Wien 1995, ISBN3-7064-0140-1

VON DER BEEKE, Reinhard: „Das Jobwunder – Millionen freie Stellen im Direktvertrieb“, Econ-Verlag, Düsseldorf, 1999, ISBN 3-430-11200-1

DREYER, Clemens und **KREß,** Markus: „Die führenden Network Marketing Unternehmen“, Economi-Verlag, Köln, 2005, ISBN 3-9809933-0-2

DE LA ROSA, M.: „Business is Booming – Warum Network-Marketing boomt!“, Network Press, Hamburg, 2002, ISBN 3-936530-06-3

ELSBERG, Sandy: „Das Geheimnis der Taschenlady“, MLM-Training Verlag, Innsbruck, 2004, 124 Seiten, ISBN 3-902114-07-X

ENKELMANN, Nikolaus B.: „Die Macht der Motivation“, Heidelberg 2005, 4. Auflage, ISBN 3-636-07080-0

FAILLA, Don: „Schnellstart – in 45 Sekunden zum Erfolg – eine Einführung ins Multi-Level-Marketing“, MLM-Training , Innsbruck, 2006

FINK, Klaus-J.: „Empfehlungsmarketing – Königsweg der Neukundengewinnung“, Gabler, Wiesbaden, 2004, 3-409-21547

FOGG, John Milton, (Übersetzung von Robert Pauly): „Der Beste Networker der Welt“, MLM-Training , Silz, 2003 ISBN 3-902114-00-2

FOGG, John Milton, (Übersetzung Robert Pauly): „Gespräche mit dem Besten Networker der Welt“, MLM-Training, Silz, 2000, ISBN 3902114010

FRIEDRICH, Kerstin: „Empfehlungsmarketing – Neukunden gewinnen zum Nulltarif“, Gabal, Offenbach, 4. Auflage, 2004,

HEDGES, Burke: „Ihr Weg in die Unabhängigkeit“, MLM-Training Verlag, Insbruck 2005, ISBN 3-902114-21-5

HORST, Hagen: „Vom Tellerwäscher zum Millionär – Millionärslehrling gesucht", Hinterskirchen, 7. Aufl. 2005, 140 Seiten, ISBN 3-932273-14-1

JAKOB, Dirk: „Das 1 x 1 des Network-Marketing"

JAKOB, Dirk: „Tu Dir was Gutes", ISBN 978-3-9809056-2-6

KALENCH, John: „Erreichen Sie Höchstform im MLM", MIM, San Diego USA; 1994,

KELM, Gerd: „Auf stabilem Kurs – vom Weltumsegler zum Multimillionär", Moneyline, Oldenburg, 2004, ISBN 3-934784-16-X

KENZELMANN, Peter: „Neukundengewinnung durch Empfehlungsmarketing", BoD, Freiburg, 2000, ISBN 3-8311-0765-3

KETTNER, Jürgen A. „See you over the Top – Geheimnisse für erfolgreichen Vertriebsaufbau", Oldenburg, 2004, ISBN 3-934784-11-9

KETTNER, Jürgen A. „Go for Money – Ihr Weg zu Erfolg und finanzieller Unabhängigkeit" Moneyline, Oldenburg, 2003, 220 Seiten,

KOPP, Thorsten: „Empfehlungsmarketing – die alternative Freiheit", Selbstverlag, Mannheim, 2. Auflage, 2007, Broschüre DIN A5,

LANGNER, Sascha: „Viral Marketing", Gabler, Wiesbaden 2005, ISBN 3-409-14270-3

LAUE, Frank: „Nebenberuflich selbstständig mit Network-Marketing", Selbstverlag, Münster, o.J.

LINDNER, Ralf: „Steuerleitfaden für Existenzgründer im Network-Marketing", Überlingen, 2005,

LUDBROOK, Edward: „Das Fundamentale im Network-Marketing", Network Press Ltd, London, 1998,

LUDBROOK, Edward: „The Big Picture – Warum Network-Marketing boomen wird", London, 1996,

MANZANO, Dragan, **EICH**, Hans-Dieter: „Networking – Mit Freude in Ihren verdienten Wohlstand", Network Press, Hamburg 2001, ISBN 3-934945-04

MERKEL, Robert: „Die Lösung", 2007, ISBN 978-3-9809056-4-0

NICHOLS, Rod: „Succesful Network Marketing for the twenty-first Century", Oasis Press, Central Point, Orgon, USA, 2002, ISBN 1555715575

NICHOLS, Rod: „Möchten Sie in meiner Goldmine graben?", 1996, Network-Press, Hamburg, geheftet,

PACK, Dr. Oskar: „Der sensationelle Dr. Pack-Report – Die wirklichen Geheimnisse der MLM-Millionäre“, Euskirchen, 1995,

PACK, Dr. Oskar: „Network-Marketing – Ihre große Chance“, Network Press, Hamburg, 2001,

POE, Richard, (Übersetzung Robert Pauly): „Wave 4 - Network Marketing im 21. Jahrhundert“, Robert Pauly, Leinfelden, 2001, ISBN 3-936013-00-4

POE, Richard, (Übersetzung Robert Pauly): „Wave 4 – Methode zum Aufbau Ihrer Downline“, Robert Pauly, Fellbach, ISBN 3-963013-03-9

POPCORN, Faith: „Der Popcorn-Report, Trends für die Zukunft“, Heyne-Verlag, München, 1992, ISBN 3-453-05601-9

PRITCHARD, Paula: „Wie Sie sich selbst besitzen“, Network Press, Norderstedt, 3. (europ.) Auflage, 2003, ISBN 3-936530-09-2

SAUER, Manfred: „Empfehlungsmarketing – Geheimnisse erfolgreicher Mund-zu-Mund-Propaganda“, Cornelsen Verlag, Berlin, 2006,

SCHÜLLER, Anne M.: „Zukunftstrend Empfehlungsmarketing: Der beste Umsatzbeschleuniger aller Zeiten“, 2005, ISBN: 9-78393-4424-65-4

STEINER Gabi: „Von Mensch zu Mensch – passives Einkommen durch Empfehlungsmarketing“, Weckel-Media, Damme, 2. Auflage 2004, 120 Seiten

STRACHOWITZ, Michael: „Die Basics im Network-Marketing“ ,

STRACHOWITZ, Michael: „Das alltägliche Gift – Die Feinde des Erfolgs,“ Network-Press Int., London, 1999 62 Seiten

STRACHOWITZ, Michael: „Erfolglos – na und ?“, Network-Press., London 2002

TIETZ, Bruno: „Der Direktvertrieb an Konsumenten“, Schäffer-Poeschel, Stuttgart, 2002, ISBN 3-7910-0757-2

UTSCH, Michael (Hg): „Erfolg, Optimismus, Gewinn – Erfolgstrainer, Motivationsgurus und Strukturvertriebe auf dem Prüfstand“ Berlin 2002

WEHLING, Margret: „Anreizsysteme im Multi-Level-Marketing“, Schäffer-Poeschel, Stuttgart, 1999

WITTKE, Jörg B.: „Forever Living Millionär – Erfolg ersetzt alle Argumente“, 2004, ISBN 3-934784-12-7

YARNELL, Mark, **YARNELL**, Rene Reid: (Übersetzung Robert Pauly): „Ihr erstes Jahr im Network-Marketing“, 2003, ISBN 3-936013-07-1

ZACHARIAS, Professor Dr. Michael: „Network-Marketing: Beruf und Berufung, Karrierechancen im Zukunftsmarkt Direktvertrieb“, Edition Erfolg, Augsburg, 2005, ISBN 3-938826-08-8

ZIGLAR, Zig: „Ziglar on Selling – Meisterstrategien für Verkäufer“, mvg-Verlag, Landsberg/Lech, 1996, ISBN 3-478-81179-1

Sonstige Network-Marketing Literatur, Zeitschriften

APPELT, Bettina: „Network-Marketing – Ursprung, Verbreitung und Akzeptanz in Deutschland“ Diplomarbeit an der Verwaltungs- und Wirtschaftsakademie, Frankfurt (M), betreut von Prof. Dr. Michael **ZACHARIAS**, Frankfurt (M), 2006

BIEDERMANN, Edwin A.: „Network Marketing –Ausdruck der persönlichen Freiheit“ Artikel in **NETCOO**-Magazin, Warendorf, 06/2007, S. 26f

BULLETIN DES DIREKTVERTRIEBS, Monatszeitschrift herausgegeben vom Bundesverband Direktvertrieb Deutschland (BDD), Berlin

NETCOO International Business & Lifestyle Magazin, Warendorf

NETWORK-KARRIERE, Monatszeitschrift für Direktvertrieb

- „Die neue Selbständigkeit“, o.J. Holzgerlingen,
- „Mach Dich doch selbständig“, o.J. Holzgerlingen,
- „Mit 50 zum alten Eisen? Generation 50+“, o.J. Holzgerlingen

PFEIFFER, Iris, **STEDEN**, Philip (Prognos AG): „Direktvertrieb in Deutschland – Marktanalyse und Konsumentenbefragung“, 2005,

VRABEL, Hannes: „Zu Lasten vieler Kleiner?“ Artikel in mein Network 11/12 2005, Seite 7 ff

ZACHARIAS, Professor Dr. Michael: „Network-Marketing in Deutschland“, 2005, Marktstudie 2. Aufl. Meerbusch, 2005,

ZACHARIAS, Professor Dr. Michael: „Wachstumsbranche Direktvertrieb“, Worms, o.J., Broschüre DIN A5, 11 Seiten

ZENTES, Joachim und **NEIDHART**, Michael: „Wer nicht vertikalisiert, verliert“ FAZ vom 30. Januar 2006,

Allgemeine betriebswirtschaftliche Literatur ohne direkten Bezug zum Network-Marketing

Becker, Jochen, Prof. Dr.: „Marketing-Konzeption: Grundlagen des zielstrategischen und operativen Managements“, Vahlen, München, 7. Auflage 2001, ISBN 3-8006-2724-8

Bidlingmaier, J.: „Marketing“, Bd. 1, Reinbeck 1973,

Biedermann, Edwin A.: „Marketing als Unternehmensstrategie“, Droste-Kolleg programmiert, Düsseldorf, 1972

Höfner, Klaus und **Winterling**, Klaus: „Marketingplanung“, in **Neske**, Fritz und **Wiener**, Markus (Hrsg.) MANAGEMENT-LEXIKON, Band III, Gernsbach, 1985

Kotler, Professor Dr. Philip und **Bliemel**, Prof. Dr. Friedhelm: „Marketing-Management“, 9. Aufl. Stuttgart, 1999

Meffert, Professor Dr. Heribert: „Marketing. Einführung in die Absatzpolitik“, Gabler, Wiesbaden, 8. Auflage 1998, ISBN 3-409-69015-8

Pelz, Professor Dr. Waldemar: „Strategisches und Operatives Marketing in Übersichtsdarstellungen - Ein Leitfaden für die Erstellung eines professionellen Marketing-Plans“, Book on Demand GmbH, Norderstedt, 2007, ISBN 3-8334-0634-8

Tietz, Bruno: „Marketing“, Tübingen und Düsseldorf, 1978

Wöhe, Prof. Dr. Günter: „Einführung in die allgemeine BWL“, München, 16. Auflage 1986,

Zentes, Joachim: „Grundbegriffe des Marketings, Marktorientiertes, globales Management-Wissen“, Schäffer-Poeschel, Stutgart, 5. Auflage 2001

Network-Marketing Unternehmen in Deutschland
mit Angabe der Haupt-Warengruppen.

In dieser Tabelle werden nur Network-Marketing-Firmen genannt, die im Warenvertrieb tätig sind. Leider sind uns nicht alle in dieser Weise tätigen Firmen bekannt, daher musste diese Liste unvollständig bleiben. Unternehmen aus den Bereichen Finanzdienstleistungen, Internet, Telekommunikation, und Vermittlung sonstiger Dienstleistungen sind nicht aufgeführt. . Es wurde auch keine Selektion nach irgendeinem besonderen Kriterium vorgenommen. Die Zuordnung der Warengruppen erfolgte nach den Angaben auf der Website der Network Karriere. Mit der Aufführung in dieser Tabelle ist keine Wertung der Firmen und keine Aussage zur Bonität verbunden

Nr.	Firma	Website	1 Nahrungsergänzung	2 Körperpflege	3 Düfte, Kosmetik, Beauty	4 Haushaltsbedarf, Reinigung	5 Wellness, allgem.	6 Textilien, Schmuck, Geschenk.	7 Tiernahrung	8 Wassertechnologie
1	Agel, Maastricht, NL	www.ageleurope.eu					x			
2	Airasun International, Haldenwang	www.airasun.de	x	x			x			x
3	ambasso manufacture, Gladbeck	www.ambasso.com						x		
4	amuro - wellness & beauty, Wörth	www.amuro.eu	x		x			x		
5	AMWAY GmbH, Puchheim	www.amivo.de	x	x		x	x			
6	ANIFIT Tiernahrungs, Appenzell, CH	www.anifit.ch							x	
7	Aquataris oHG, Ingolstadt	www.aquataris-ohg.de		x					x	x
8	AVON Cosmetics GmbH, München	www.avon.com			x		x	x		
9	BEMER Medizintechnik, Loßburg	www.bemer-medizintechnik.de			x					
10	beowell GmbH, Gelsenkirchen	www.beaute-oceane.de	x	x	x		x			
11	Biorelay GmbH, Bremen	www.Biorelax.de	x	x	x		x			
12	biosence natural cleaning, Isernhagen	www.biosense-system.com	x							
13	Brilliani Echtschmuck, München	www.brilliani.de	x					x		
14	BWI Group GmbH, Berlin	www.bestwater.de						x		
15	Creation-Direkt GmbH, Idar-Oberstein	www.creation-direkt.de				x				
16	Crystal Line Deutschl., Bad Harzburg	www.crystalline.						x		
17	Déesse International, Dauerlach	www.deesse.com	x		x		x	x		
18	Direct Nature International Ltd, Weyhe.	www.direct-nature.com	x				x			
19	ENERGETIX Magnet Th., Bingen	www.energetix.tv					x	x		
20	EVOLUTION Handel, Villach, A	www.evolution-international.com	x		x		x			
21	EVORA Cosmetic, Großwallstadt	www.evora.de	x	x	x		x			

Nr	Firma	Website	1	2	3	4	5	6	7	8
22	FASHION europe.net Ltd, Hamm	www.fashion-europe.net						x		
23	FLP Forever Living, Frankfurt (M)	www.flpg.de	x	x	x		x			
24	FREDERIC M. Münster	www.fredericm.com	x	x	x		x			
25	FuturePure, Burscheid	www.futurepure.de				x				
26	Generation of Health, Helsingbor, FIN	www.goh.biz	x		x		x			
27	Global Water, Bad Gandersheim	www.global-water.de								x
28	Herbalife International, Darmstadt	www.herbalife.com	x	x	x		x			
29	Jafra Cosmetics, München	www.jafra.de	x	x	x		x			
30	Jemako International GmbH, Rhede	www.jemako.com	x	x	x		x			
31	Jopatt Ltd, Ulm.	www.jopatt.com				x				
32	Kahuna (Noni), Remshalden	www.kahuna.ch	x							
33	Kieserol Horst Kiesewetter, Leverkusen	www.kieserol.de				x				
34	Kleeneze UK Ltd, Bristol.	www.kleeneze.net	x	x	x	x		x		
35	La Vita GmbH, Kumhausen	www.lavita.de	x	x	x		x			
36	Lang & Lang GmbH, Uffing/Staffelsee	www.langlang.at/DE						x		
37	Lea Lebe anders, Kissing	www.lebe-anders.de	x	x	x	x	x			x
38	Life Plus Europe Ltd., St. Neots, GB	www.lifeplus.com/rosispr	x	x	x		x			x
39	Liguma AG, Schaffhausen, CH	www.liguma.ch	x	x	x		x			
40	LR-International, Ahlen	www.lr-international.com	x	x	x		x			
41	Mangostan-Gold, Berlin	www.MangostanGold. com	x		x		x			
42	Mary Kay Kosmetics, München	www.marykay.de		x	x		x			
43	Napur GmbH, Weiden	www.napur.net							x	
44	Natures of Scadinavia, Mölndal, S	www.naturesofscandina via.com	x	x	x	x	x			
45	NC-Vita GbR, Lübbecke	www.nc-vita.de	x	x	x		x			
46	Neways GmbH, Wiesbaden	www.newaysonline.de	x	x	x		x			
47	NIKKEN Deutschland GmbH, Bonn	www.nikkenuk.com	x			x	x			x
48	Nova Nutria GmbH. Ichenhausen	www.novanutria.com	x		x					
49	NSA AG, Basel, CH	www.nsa.ch	x	x	x		x			
50	Nu Skin Enterprise Germ., Eschborn	www.nuskin.com	x	x	x		x			
51	o`leave, Nonnweiler	www.o-leaf.net	x	x	x		x			
52	Oliveda Netw., Binisalem/Balearen, E	www.my-ole.com	x	x	x		x	x		
53	Omega International, Bd Oldesloe	www.omega-international.de	x	x	x		x			
54	Optidee GmbH, Nordhorn	www.optidee.net				x	x			

Nr	Firma	Website	1	2	3	4	5	6	7	8
56	Oriflamme Kosmetikvertrieb, Eppstein	www.oriflame.de		x	x		x			
57	PartyLite GmbH, Heidelberg	www.partylite.com			x		x			
58	Pet-Fit GmbH, Elsdorf	www.pet-fit.net							x	
59	Pierre Lang Kirchheim-Heimstetten	www.pierre-lang.com					x	x		
60	Platinum Health Europe, Utrecht, NL.	www.platinumeurope.biz	x			x	x			x
61	PM International AG, Speyer	www.pm-international.de	x	x	x		x			
62	proV Nutraceutical B.V.,Vinkeveen, NL	www.prov-international.com	x	x	x				x	
63	proWin International, Illingen	www.prowin.net	x	x	x	x	x			
64	Reico Vital, Oberostendorf	www.reico-vital.de	x	x	x	x			x	
65	Ruyan-Europe Ltd, Birmingham (GB).	www.ruyan-europe.com						x		
66	SEGIUN Est, Vaduz (FL).	www.segiun.com	x	x	x		x			
67	SikomMed - Wasserperle, Billigheim	www.wasserperle.net								x
68	Sunrider International, London (GB)	www.sunrider.com	x	x	x		x			
69	SurPrix International, Bielefeld	www.surprix.de	x	x	x			x		
70	Tahitian NONI International , München	www.tahitiannoni.com	x	x	x					
71	Tepperwein Collection, Schaan, FL	www.tepperwein.at	x	x	x	x	x			x
72	Trisana GmbH, Tutzing	www.trisana.de	x	x	x		x			
73	Tupperware Deutschland, Frankf. (M)	www.tupperware.de				x		x		
74	Under and Over Fashion, Plauen	www.under-over-fashion.de						x		
75	UNICITY Services, Bd Homburg	www.makelifebetter-europe.com	x	x	x					
76	VEGAS Trade Lda, Großumstadt	www.vegas-cosmetics.de		x	x			x		
77	VerdeLinea Products, Euskirchen	www.verdelineaproducts.eu	x	x	x		x			
78	vita-life Handel, Velde/Wörthersee, A	www.vita-life.com		x	x		x	x		
79	Vitamoor Deutschland, Mannheim	www.vitamoor.de		x	x		x			
80	Xango LLC, Utah, USA	www.xango.net	x				x			
81	XOOMA , Hampton/Virginia, USA	www.xoomaworldwide.com	x							

Checkliste für die Beurteilung von Network-Marketing-Unternehmen (Anlage III)

1. Kosten und Gebühren

a. Wie hoch sind die Startkosten

Lizenzen (einmalig oder laufend)	EUR: ________
Startertraining (Seminar)	EUR: ________
Sonstige einmalige Zahlungen?	EUR: ________
Summe:	EUR: ________

b. Laufende. Gebühren (monatlich oder zeitanteilig)

Lfd. Nutzungsgebühr (Lizenz)	EUR: ________
Gebühren für Homepage-Nutzung?	EUR: ________
Nutzung des EDV-Systems?	EUR: ________
Gebühren für Kontoführung o.ä.	EUR: ________
Sonstige lfd. Kosten? Was?	EUR: ________
Summe:	EUR: ________

2. Wie hoch ist der Großhandelsrabatt? % __________

3. Welches Prinzip liegt dem Vergütungsplan zugrunde?

Matrixplan	JA ❐	NEIN ❐
Binär-Plan	JA ❐	NEIN ❐
Uni-Level-Plan	JA ❐	NEIN ❐
Stairstepp-Breakaway-Plan	JA ❐	NEIN ❐
Hybrid-Plan *(gemischt)*	JA ❐	NEIN ❐

4. Welche Ebenen werden vergütet? Level: ____________

5. Gibt es einen Breakaway ? JA ❐ NEIN ❐

6. Ist der Vergütungsplan kopf-, mitten- oder basislastig aufgebaut ?

7. Welche Kriterien bestimmen die Qualifikation?

- Umsatzhöhe, - welche Staffelungen für die Ränge?`
- Struktur der Downline – wie?
- Besondere Vorschriften über Umsatzverteilungen unter den Zweigen der Downline?

8. Gibt es eine dynamische Kompression? Gilt diese für den laufenden oder den Folgemonat?

9. Wie wird der Start begünstigt (z.B. durch einen Schnellstartbonus)?

10. Verstehen Sie wirklich den Vergütungsplan in seinen Grundzügen und vor allem in dem Teil, der die Anfänger betrifft?

11. Wird Vorkasse verlangt? Wie lange vor Lieferung?
12. Wie ist die Rückgabe bei Nichtgefallen geregelt?
13. Was kann bei Ausscheiden zurückgegeben werden?
14. Welche Incentives gibt es? (Autobonus, u.ä.)
15. Wann und wie erfolgen die Zahlungen der Provision?
16. Welche Unterstützung geben der Sponsor und seine Upline?
17. Wie lange ist das Unternehmen bereits am Markt?
18. Wie lange in Deutschland ?
19. Welche Presseberichte liegen vor? *(„googeln" Sie einmal)*
20. Welche Auszeichnungen hat das Unternehmen wann erhalten?
21. Produziert das Unternehmen selbst?
22. Forscht und entwickelt das Unternehmen selbst?
23. Welche Zertifizierungen hat das Unternehmen?
24. Welche Ratingnote hat das Unternehmen und von welcher Agentur?
25. Wie offen werden diese Fragen behandelt? (*Erhalten Sie klare, überprüfbare Antworten?)*
26. Zeigt Ihr Sponsor (ggf. Upline) offen die Bonusabrechnung über einen längeren Zeitraum?
27. Welchen persönlichen Eindruck vermitteln die Führungskräfte?
28. Welche Eindrücke haben Sie von den zukünftigen Kollegen auf Meetings und Präsentationen gewonnen?

Fragen Sie! Je mehr Sie vor dem Eintritt über das Unternehmen erfahren, umso engagierter können Sie mit der Arbeit beginnen!

Warum wohl geben manche Unternehmen auf klare Fragen keine klaren, umfassenden Antworten?

Der Einsteiger ist verantwortlich für seinen Informationsstand, wenn er sich einem Unternehmen anschließen möchte. - im Network-Marketing genau so wie in jedem anderen Berufszweig!
Informieren – Beurteilen – Entscheiden! Das müssen SIE! Denn die Verantwortung für Ihren Erfolg tragen nur SIE!

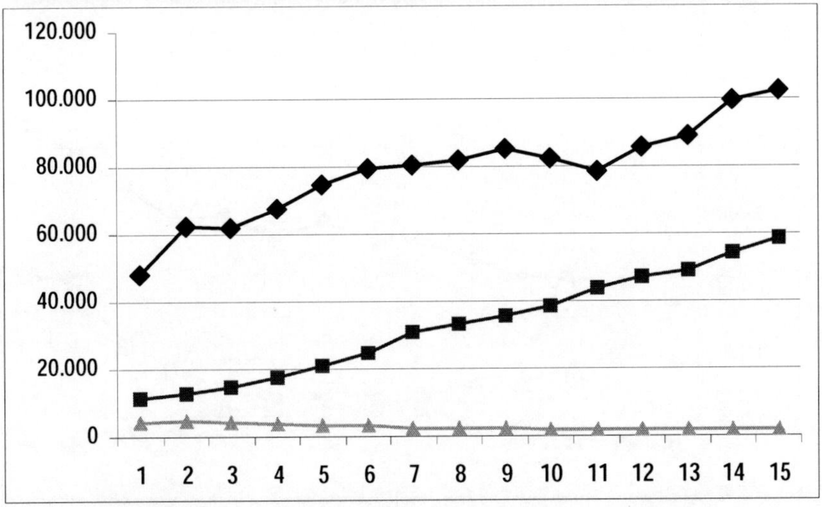

Jahr 1=1991 15=2005
Obere Reihe: Entwicklung der Umsätze in Mio EUR
Mittlere Reihe: Entwicklung der Verkäuferzahlen
Untere Reihe Entwicklung der Umsätze pro Mitarbeite

Ziffer in Zeitachse	Jahr	Umsätze [Mio€]	Verkäufer [in 1000]	Ums/Verk [€/Kopf]
	1988	38.320	8.480	4.519
	1989	40.150	9.270	4.331
	1990	44.740	10.460	4.277
1	1991	48.140	11.320	4.253
2	1992	62.190	12.930	4.810
3	1993	61.670	14.910	4.136
4	1994	67.570	17.670	3.824
5	1995	74.900	21.000	3.567
6	1996	79.320	24.880	3.188
7	1997	80.470	30.900	2.604
8	1998	81.870	33.560	2.440
9	1999	85.440	35.940	2.377
10	2000	82.250	38.710	2.125
11	2001	78.660	43.840	1.794
12	2002	85.760	47.180	1.818
13	2003	89.000	49.000	1.816
14	2004	99.355	54.220	1.832
15	2005	102.600	58.590	1.751

Datenquelle: WFDSA (www.wfdsa.org)

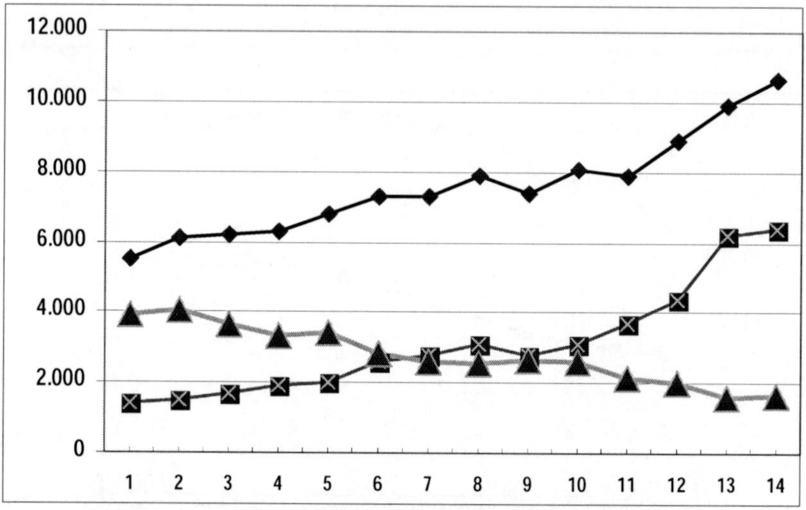

Obere Reihe: Entwicklung der Umsätze in Mio EUR
Mittlere Reihe: Entwicklung der Verkäuferzahlen
Untere Reihe Entwicklung der Umsätze pro Mitarbeite

Ziffer in Zeitachse	Jahr	Umsätze [Mio€]	Verkäufer [in 1000]	Ums/Verk [€/Kopf]
1	1992	5.500	1.400	3.929
2	1993	6.100	1.500	4.067
3	1994	6.200	1.700	3.647
4	1995	6.300	1.900	3.316
5	1996	6.800	2.000	3.400
6	1997	7300	2.600	2.808
7	1998	7.300	2.800	2.607
8	1999	7.900	3.100	2.548
9	2000	7.400	2.800	2.643
10	2001	8.082	3.100	2.607
11	2002	7.875	3.700	2.128
12	2003	8.911	4.400	2.025
13	2004	9.897	6.200	1.596
14	2005	10.617	6.400	1.659

Datenquelle: FEDSA (www.fedsa.eu)

Der Autor hat
40 Jahren Erfahrung als
Marketingleiter
Geschäftsführer
Unternehmer
Unternehmerberater
Seminarleiter, Dozent
Lehrbeauftragter
Fach-Autor
Sprecher im BVNM

Networkern bieten wir unsere bewährten Seminare

„Network-Marketing – Lust oder Frust?“
„Intensiv-Seminar Vergütungssysteme“

Aktuelle Termine finden sich auf unserer Website

www.fuehrungsberatung.de

Für Unternehmen konzipieren wir den neuen Vertriebsweg

Empfehlungsmarketing

Wir bieten:

Markt- und Akzeptanzuntersuchung – Konzeptionen

Einführung – Aufbau – Betreuung

31832 Springe (Deister) • Göbelbastei 17 ☎ 05041-971333 e-Mail: Biedermann@fuehrungsberatung.de

BIEDERMANN Führungsberatung
Dipl.-Volkswirt Edwin A. Biedermann

Mitglied in den Fachverbänden „Gründung, Entwicklung, Nachfolge" sowie „Finanzierung und Rating"

Für Gründerzentren und andere Organisationen der Wirtschaftsförderung bieten wir unser Grundlagenseminar an, in dem wir umfassend und firmenneutral Network-Marketing darstellen.

Termine für offene Seminare finden Sie auf

www.fuehrungsberatung.de

Vergleiche konkreter Vergütungspläne behandeln wir in unseren Gesprächen für Existenzgründer und Unternehmer sowie in einem Intensivseminar

BIEDERMANN Führungsberatung BDU
Dipl.-Volkswirt Edwin A. Biedermann

e-Mail: Biedermann@Fuehrungsberatung.de
☎ *05041 – 971333*
🖷 *05041 - 971334*

Neuankündigung Februar 2008

Bestellinformationen zur NetworkMarketingBörse unter www.city-of-talents.de

Fußnoten

[1] Adam Smith, Eine Untersuchung über das Wesen und die Ursachen des Reichtums der Nationen, London 1776

[2] H. Meffert, Marketing. Einführung in die Absatzpolitik, 6. Aufl. Wiesbaden 1982

J. Bidlingmaier, Marketing, Bd. 1, Reinbeck 1973, Bruno Tietz, Marketing, Tübingen und Düsseldorf, 1978

[3] Edwin A. Biedermann, Marketing als Unternehmensstrategie, Düsseldorf, 1972

[4] HGB = Handelsgesetzbuch

[5] HGB Handelsgesetzbuch, 7. Abschnitt, §§ 65 sowie 84-92c

[6]Günter Wöhe, Einführung in die allgemeine BWl, 16. Aufl. München 1986, S. 653f

[7] Jochen Becker, Marketing-Konzeption, München 2002, S. 529

[8] Philip Kotler und Friedhelm Bliemel, Marketing-Management, 9. Aufl. Stuttgart, 1999, S.822

[9] Kerstin Friedrich, Empfehlungsmarketing– Kundengewinnung zum Nulltarif, Offenbach 2004,

[10] Michael Zacharias, Michael, Network-Marketing in Deutschland 2005

[11] zitiert nach: www.bundesverband-direktvertrieb.de und www.prognos.com/pdf

[12] Bettina Appelt, „Network-Marketing [...] Akzeptanz in Deutschland, Diplomarbeit, Frankfurt (M), 2006

[13] Michael Zacharias, Network-Marketing Beruf oder Berufung, Düsseldorf, 2004, S. 66

[14] Helmut Köhler und Joachim Bornkamm, Wettbewerbsrecht, Heidelberger Kurz-Kommentare Band 13a, München 2006, S. 1222.

[15] Köhler-Bornemann, aaO. S. 1225

[16] Heidelberger Kommentar zum Wettbewerbsrecht, Heidelberg 2005, S. 766

[17] Die Basiszahlen finden sich auf den Websites www.wfdsa.org und www.fedsa.eu jeweils in aktuellster Fassung.

[18] Michael Zacharias, aaO, S. 77

[19] ebda, S. 75

[20] RP Online, Presseservice 8.9.2003 „Deutsche haben immer weniger Geld zur Verfügung"

[21] Grundgesetz der Bundesrepublik Deutschland, Artikel 14 Absatz 1.

[22] Klaus Fink,: Empfehlungsmarketing – Königsweg der Neukundengewinnung, Gabler, Wiesbaden, 2004,

[23] Manfred Sauer,: Empfehlungsmarketing – die Geheimnisse erfolgreicher Mund-zu-Mund-Propaganda, 2006

[24] Kerstin Friedrich, aaO., S. 9f

[25] Gabi Steiner,: Von Mensch zu Mensch, Damme 2004

[26] s.a. Kerstin Friedrich, aaO., S. 20ff

[27] Sascha Langer, Viral Marketing, Gabler, Wiesbaden, 2006, 204 Seiten

[28] Aus Gründen der Firmen-Neutralität werden die Firmennamen hier nicht genannt.

[29]Philip Kotler, aaO. S.528

[30] Klaus Höfner und Klaus Winterling, Marketingplanung, in Fritz Neske und Markus Wiener, (Hrsg.) MANAGEMENT-LEXIKON, Band III, S.802, Gernsbach, 1985

[31]Philip Kotler, Marketing-Management, ungekürzte Studienausgabe, Stuttgart 1977, S. 359ff

[32] Waldemar Pelz, Strategisches und Operatives Marketing - Ein Leitfaden für die Erstellung eines professionellen Marketing-Plans, BOD, Norderstedt, 2007, Seite IV

[33]Rod Nichols, Succesful Network Marketing for the 21. Century, Central Point. Oregon, 1995 (2. Auflage 2002), S.3ff, ebenso
Richard Poe, Wave 4 – Network Marketing im 21. Jahrhundert, deutsche Ausgabe Leinfelden, 2001, Seite 137ff
Dragan Manzano und Hans-Dieter Eich, Nettworking – mit Freude in Ihren verdienten Wohlstand, London und Hamburg 2001, Seite 136 ff.

[34] Rod Nichols, Rod, aaO., Seite 6

[35] Richard Poe, Wave 4, aaO. Seite 139

[36] Richard Poe, aaO., Seite 141

[37] vgl. Richard Poe, aaO., Seite 244f

[38] Hannes Vrabel, Zu Lasten vieler Kleiner? Artikel in „meinNetwork" 11/12 2005, Seite 7

[39] Siehe besonders Nichols, aaO... S.83

[40] StGB – Strafgesetzbuch. § 263 betrifft den Betrug.

[41] Gabi Steiner, aaO, Seite 119

[42] Zacharias, Michael, Network-Marketing in Deutschland 2005, Seite 16

[43] Gabi Steiner, Von Mensch zu Mensch, Damme (Dümmer) 2004, 2. Aufl. Seite 26

[44] Paula Pritchard, Wie Sie sich selbst besitzen USA 1998, 3. Auflage Europa, 2003, Seite 41

[45] Michael Zacharias, aaO, Seite 17, vgl. auch Michael Zacharias, Network-Marketing: Beruf oder Berufung, Augsburg 2005, Seite 80f.

[46] vgl. Edwin A. Biedermann, „Network-Marketing – Ausdruck persönlicher Freiheit" in NETCOO, Heft 12 (6.2007), Seite 26f

[47] Burke Hedges, Ihr Weg in die Unabhängigkeit, 2000, deutsche Erstauflage 2005, Seite XI

[48] vgl. Sandy Elsberg, Das Geheimnis der Taschenlady, deutsche Zweitauflage 2004, Seite 119

[49] Burke Hedges, aaO, Seite 141

[50] Gabi Steiner, aaO., Seite 83.

[51] Richard Poe, Wave 4 – Network-Marketing im 21. Jahrhundert, aaO, Seite 128ff

[52] Details in den Sonderheften der Network Karriere, siehe Literaturverzeichnis.